Osprey Aviation Elite

Jagdgeschwader 54 'Grünherz'

John Weal

Osprey Aviation Elite

オスプレイ軍用機シリーズ
35

第54戦闘航空団
グリュンヘルツ

［著者］
ジョン・ウィール
［訳者］
手島 尚

大日本絵画

カバー・イラスト/ジム・ローリアー
カラー塗装図/ジョン・ウィール

カバー・イラスト解説
ソ連侵攻作戦初期、JG54には大きく輝くスターがいく人も現れた。マックス-ヘルムート・オスターマン少尉(後に中尉)はその中のひとりである。元駆逐機パイロットだった彼のバルバロッサ作戦以前の戦果は9機にすぎなかった。ところが、ソ連空軍との戦いになると、彼はドッグファイト・パイロットとしての生来のすばらしい資質を発揮した。'グリュンヘルツ'がレニングラードを目指すドイツ陸軍に対する支援を展開する中で、彼の戦果は急速に伸び始めた。特別な委嘱を受けてジム・ローリアーが制作したこの表紙の絵は、ロシア戦線での最初の冬に発生した或る戦闘の場面を描いている。7./JG54中隊長、オスターマン少尉は「白の2」に乗り、列機とともに'フライ・ヤークト'任務で出撃し、途中で遭遇したStG2 'インメルマン'のJu87のグループを援護するために戦闘に入った。遠くの湖の向こう岸の煙の柱が示すように、急降下爆撃機は十分な攻撃効果をあげた。しかし、帰途についたシュトゥーカはポリカルポフI-153戦闘機の群れに襲われた。この運動性の高い複葉戦闘機は、バルバロッサ作戦の初期に'グリュンヘルツ'のパイロットたちが毎日のように、どこでも多数遭遇する相手だった。オスターマンは1942年8月9日に戦死したが、それまでに彼がロシア戦線で撃墜したソ連機93機の中でI-153の数は多い。

凡例
■ドイツ空軍(Luftwaffe)の部隊組織についての訳語は以下のとおりである。
Luftflotte→航空艦隊
Jafü→戦闘機集団／方面航空部隊
Geschwader→航空団
Gruppe→飛行隊
Staffel→中隊
ドイツ空軍は航空団に機種または任務別の呼称をつけており、Jagdgeschwaderの邦語訳は「戦闘航空団」とした。また、必要に応じて略称を用いた。このほかの航空団、飛行隊についても適宜、邦訳を与え、必要に応じて略称を用いた。また、ドイツ空軍では飛行隊番号にはローマ数字、中隊番号にはアラビア数字を用いており、本書もこれにならっている。
例：Jagdgeschwader 54（JG54と略称）→第2戦闘航空団
　　Ⅰ./JG54→（第54戦闘航空団）第Ⅰ飛行隊
　　1./JG54→（第54戦闘航空団）第1中隊
■訳者注、日本語版編集部注は[　]内に記した。

翻訳にあたっては「Osprey Aviation Elite 6　Jagdgeschwader 54 'Grünherz'」の2001年に刊行された版を底本といたしました。[編集部]

目次　contents

6　1章　JG54の生い立ち
the parts of the sum

25　2章　英国本土航空戦——その前と後
the battle of britain—before and after

40　3章　バルカン半島での幕間
balkan interlude

45　4章　ロシア戦線　1941-43年
russia 1941-43

90　5章　西部戦線での'グリュンヘルツ'の戦い
'green hearts' in the west

104　6章　東部戦線での戦い　1943-45年
eastern front 1943-45

126　付録
appendices
126　指揮官一覧
127　騎士十字章受賞者
128　代表的な戦闘序列

65　カラー塗装図
colour plates
130　カラー塗装図 解説

chapter 1
JG54の生い立ち
the parts of the sum

　第54戦闘航空団（JG54）、かの有名な'グリュンヘルツ'（緑色のハート）は、東部戦線で戦ったドイツ空軍の戦闘機部隊の中で、最も高い戦果をあげた部隊のひとつである。このJG54は第二次大戦のなかで生まれて成長した部隊ということができる。もっと古参の戦闘航空団は平和な時代に余裕をもって活動し、訓練を重ねることができたが、'グリュンヘルツ'は1939年9月1日に大戦が勃発した時にはまったく存在していなかった。

　英国本土航空戦を前にした1940年7月、ドイツ空軍の戦闘序列にもうひとつ新しい戦闘航空団（ヤークトゲシュヴァーダー）を加えるために、独立していて共通点のない3つの戦闘飛行隊（ヤークトグルッペ）がひとつにまとめられ、第54という番号を与えられたのである。

　3つの飛行隊の中で最も古い隊は元オーストリア陸軍航空隊の部隊である。1938年3月12日、ドイツが南東側の隣国、オーストリアを併合した時、オーストリアの小規模な航空隊はふたつの戦闘機部隊をもっていた。これらの部隊の呼称は戦闘航空団（ヤークトゲシュヴァーダー）だったが、各々3個中隊で構成されており、ドイツ空軍の戦闘飛行隊（ヤークトグルッペ）に相当するサイズだった。

　グラース-タレルホフ飛行場の第Ⅰ戦闘航空団（JaGeschwⅠ。第1・2・3中隊（シュタッフェル））はかなりの期間にわたってフィアットCR.20bisとCR.30、2つの型の複葉戦闘機を使用していた。それより新しいJaGeschwⅡ（第4・5・6中隊）はウィーン-アスペルン飛行場を基地とし、フィアットCR32bis複葉戦闘機を装備していた。ドイツ空軍は後者を中核として新しい戦闘飛行隊を編成した。

　オーストリアの軍備はただちにドイツ国防軍に吸収された。その利益を最も多く得たのはドイツ陸軍であり、6個師団ほど兵力を拡大した。ドイツ空軍が得たものの中で最も価値が高かったのはJaGeschwⅡだった。1938年3月12日1030時（午前10時30分。時刻の表記は以下同様）、Ju52 30機のうちの最初

大戦前のオーストリア陸軍航空隊第Ⅱ戦闘航空団のイタリア製複葉戦闘機、フィアットCR.32bisの編隊。この部隊の隊員と戦闘機は、ドイツ空軍に編入され、後に第54戦闘航空団'グリュンヘルツ'の一部に発展して行く部隊の中核となった。

1./JG138のドイツ人とオーストリア人の将校たち。ウィーン-アスペルン飛行場にて。左から右へ、ブルシュテリン中尉（第1中隊長）、ゲルトナー少尉、エヴァルト少尉、マクラン中尉（第2中隊長）、マーダー中尉（第3中隊長）、フォン＝ミューラー＝リーンツブルク大尉（第Ⅰ飛行隊長）。

の1機がウィーン-アスペルンに着陸した。Ju52のすぐ後にⅡ./KG155のDo17爆撃機の編隊が着陸し、それに続いて1個中隊のBf109B（3./JG135）が次々に着陸した。

3月28日、オーストリアの首都の南65kmほどのヴィーナー・ノイシュタットの飛行場で式典が行われ、ゲーリング元帥自身からJaGeschwⅡ司令、ヴィルフリート・フォン＝ミューラー＝リーンツブルク中佐に新しい部隊旗が授与された。そして、その4日後、4月1日にフォン＝ミューラー＝リーンツブルクの部隊は正式にドイツ空軍に編入され、I./JG138となった。

この新しい戦闘飛行隊を編成する3個中隊のうちの2つ、2./JG138と3./JG138は、機能停止したオーストリア空軍のJaGeschwⅡの第4中隊と第6中隊であり、新しい部隊番号に変更されただけである。中隊長は各々、アロイス・マクラン中尉とアントーン・マーダー中尉である。マクランは1930～31年のオーストリアの最初の'秘密'の軍用機操縦訓練コースの修了者であり、マーダーは1931～32年の2回目のコースのメンバーだった。

1930～31年コースを修了した6名のパイロットのうち、アロイス・マクランを含む5名が第二次大戦中、現役将校として活動中に死亡した。アントーン・マーダーは無事に終戦を迎え、その間、1944年1～9月にJG54司令の職についた。

JaGeschwⅡのうち、エーリヒ・ゲルリッツ少尉（1930～31年の訓練コース修了者）が指揮する第5中隊はオーストリアを離れ、西隣りのバイエルン州のバート・アイブリングへ移動して、新たに3./JG135となった。それと入れ換わりに、Bf109Bを装備した3./JG135――オーストリア併合の第1日目にウィーン-アスペルン飛行場に飛来した部隊――がJG138に編入されて、第1中隊（1./JG138）になった。中隊長、ハンス-ハインリヒ・ブルシュテリン中尉はそのまま残った。

それから1年半後に第二次大戦が始まると、パイロットの損耗は激しく、その結果、多数の補充が送り込まれたので、この飛行隊の隊員たちの'オースト

リア風'の特徴は自然に希薄になっ
て行った(少なくともパイロットの間
では)。しかし、ドイツ空軍への編入
後の7年間全体にわたって、地上要
員の中でオーストリア出身者が圧倒
的に多数を占める状態に変化はなか
った。

短い期間、JG138の第2、第3中隊
は銀色塗装のフィアット複葉機を使
用した。最初はオーストリア陸軍航
空隊のマーキング、胴体と翼の白い逆三角形と方向舵の赤／白／赤3段のス
トライプが、ドイツ空軍の黒い十字とカギ十字に描き変えられただけだった。
その後、フィアットは迷彩塗装に変わり、その時に初めて飛行隊のマークが描
かれた。その図柄は'アスペルンのライオン'——無敗を誇っていたナポレオン
軍を1809年のこの地区での戦いで初めて敗北させたことを記念した紋章——
であり、この部隊の本拠地に敬意を表するために選ばれたものである。

1./JG138の装備は以前通りBf109だったが、ある資料によれば、少数のフィ
アットも戦列に加えていた。JG138は訓練用として、元JG135のハインケル
He51も5機ほど使用していた。その後、空軍全体にわたる組織の変更があり、
このウィーン‐アスペルン基地の飛行隊は1938年11月1日付でI./JG134とな
った。この時期までにこの飛行隊全体の装備はBf109CとDに統一されていた。

1939年5月1日にはふたたび部隊番号のつけ方の変更があり、大幅に単純
化された'ブロック'・システムが導入された。第1航空艦隊では1～25、第2
航空艦隊では26～50(以下同様)のブロックを設け、その中で各航艦の下の
すべての航空団の部隊番号をつけるシステムである。

フォン＝ミューラー‐リーンツブルクの飛行隊は大ドイツ帝国の南東部を担
当する第4航空艦隊の最初の戦闘飛行隊だったので、I./JG76という部隊番号
を与えられた。この時期に、この飛行隊ではBf109のC、D型からE型への転換
が始められた。

1939年5月1日の全体的な部隊番号変更の結果、短い期間だけだったが、
最初の'JG54'がドイツ空軍の記録の中に現れている。その10カ月前、1938年
7月1日、I./JG135——このバイエルンの部隊はオーストリア併合の際の作戦

最初、I./JG138のフィアットCR.32は銀色塗装とオーストリア空軍の機番を残し、オーナー変更を示すために国籍標識と尾翼のカギ十字だけが新しく描かれた。その後、これらフィアットの少なくとも数機がドイツ空軍のカモフラージュに塗装換えされた(カラー塗装図1)。画面の一番手前の機、「182」は、オーストリアが輸入した数少ない複座型CR.32の1機。

1939年5月、I./JG76はBf109Eの最初のバッチを受領した。画面手前の第1中隊の「白の9」(製造番号6009)と同様に、新品のBf109はすべて、前年に始められたウィーン飛行隊のマーク、'アスペルンのライオン'が描かれている。

行動に参加した——と並んで、バート・アイブリング飛行場にこの航空団の2番目の飛行隊が新設された。

この飛行隊は最初、II./JG135として発足したが、1938年11月にニュルンベルクの北西方、ヘルツォゲナウラッハに移動して、I./JG333となった。そして、隊番のブロック・システムが導入された時に、I./JG54と改称された。この部隊番号は第3航空艦隊(ドイツ南西部を担当)指揮下の4番目の戦闘航空団の最初の飛行隊(グルッペ)を意味している。この部隊番号と配備基地は2週間しか続かなかった。1939年5月15日にフュールシュタインヴァルデに移動し、新設されたばかりの駆逐機(ツェアシュテーラー)部隊に編入されて、II./ZG1となったためである。

この時期——1939年の初夏——までには、ヨーロッパで全面的戦争が勃発する可能性が高まっていた。ドイツ空軍は数年にわたって注意深く構成された長期拡大プログラムを進めていたが、まだ完了していなかった。しかし、危機を前に動員のペースが急速に高められると、その計画は棚上げされた。そして、1939年6月に空軍最高司令部は、'緊急事態'に対応するための5個戦闘航空団をまったく新たに編成することを計画し、翌月から作業開始するように命令した。

結局、5個の航空団はいずれも、3個飛行隊編成の標準的な兵力には至らなかった。しかし、大戦勃発を目前にした突貫プログラムによって、兵力不足状態のものも含めて、新しい飛行隊がいくつか創設された。

そのような新設飛行隊のひとつが、I./JG1から割かれた基幹要員を中心にして新編された。I./JG1はドイツの北東部の飛び地、東プロイセンに配備されていた唯一の戦闘飛行隊だった。この隊はBf109Eへの装備転換を完了した直後であり、それまで使用していた1個飛行隊の定数いっぱいのBf109Dを、新編される飛行隊に提供することができる立場にあった。

その新しい飛行隊——飛行隊長はマルティーン・メティヒ大尉——は、1939年7月15日にI./JG21として編成された。メティヒの下には3名の中隊長、ギュンター・ショルツ中尉、レオ・エッガース中尉、ゲオルク・シュナイダー中尉が並んでいた。新設直後の9日間、I./JG21はI./JG1の基地、イェーザウ——この地方の首都、ケーニヒスベルクの南東25km——に置かれていたが、7月24日には首都から8kmしか離れていないグーテンフェルトに移動した。

I./JG21は自隊の新編にI./JG1が大きな力となったことを十分承知していて、部隊のマークとして'母親'部隊のものと同じデザイン——イェーザウの町の紋章、ドイツ十字軍の十字を描いた盾型の中に、Bf109の3機編隊のシルエットが描かれている——を選んだ(色は違っていたが)。そして、遙か南方の基地にいたI./JG76が明白にオーストリア人の雰囲気を保っていたのと同様に、I./JG21の地上要員たちの間にはその後、終戦までの6年間にわたって、プロシア人の意識が色濃く残っていた。

ドイツ内での地理的な両極、東プロイセンとオーストリア(ドイツに併合された後、公式に'東の辺境地区'(オストマルク)

武装整備員がI./JG21のBf109Dの機首に装備された7.9mm MG17機銃の整備に当たっている。1939年8月、グーテンフェルトで撮影。風防の下に描かれたこの飛行隊のマーク——'イェーザウ騎士団の十字'——は陽の光に反射してよく見えないが、スピナーの3本の黄色のリングによって、このドーラが第3中隊の機であることが分かる。

と呼ばれていた）との中間、中部地方のヘルツォゲナウラッハは2カ月前まで、短命に終わった初代のI./JG54の基地だった。1939年7月の半ばになって、この飛行場は'緊急事態'戦闘航空団のひとつ——ヨーロッパの不安定な平和の最後に近い数週間のうちに大至急で編成された——の基地に選ばれた。

しかし、この部隊を'戦闘航空団'（ヤークトゲシュヴァーダー）と呼ぶのは、あまり正確な表現ではなかった。この新しい部隊——JG70——の兵力は飛行隊（グルッペ）のレベルにも達していなかったのである。編制は2個中隊——ラインハルト・ザイラー中尉指揮の1./JG70と、堂々たる姓名の持主、ハンス-ユルゲン・フォン=クラモン-タウバデル大尉指揮の2./JG70——のみだった。この部隊の地上要員の大半はオーベル-フランケン地方の出身者であり、この地方の人々の特徴が部隊に染み込んでいた。

これが大戦勃発を目前にした時期のI./JG21、I./JG70、I./JG76の配備基地と部隊の状況である。これらの3個飛行隊——編成以来、数カ月の時間が経っているのはひとつだけであり、他の2つは7週間以下だった——は各々異なった地域で、異なった経緯の下に編成され、配備されている基地は相互に遠く離れており、3者の間には目に見える関連性や共通の要素はまったくなかった。

3./JG76の「黄色の13」——この機番は通常、中隊の予備機——の前でポーズをとるヨアヒム・シベック少尉（右側）。大戦前の最後の穏やかな時期のウィーン-アスペルン飛行場。シベックは英国本土航空戦の末期、ケント州に胴体着陸し、彼の戦いは1年をわずかに越えただけで終わった。

ポーランド侵攻作戦
The Campaign in Poland

1939年9月1日の早暁、ポーランド侵攻作戦が開始され、これらの3個飛行隊のうちの2つが作戦行動に参加した。

北部の戦線では、メティヒ大尉指揮のI./JG21の可動状態のBf109D 37機と

1939年8月17日——ポーランド侵攻作戦開始の2週間前——I./JG76はウィーン-アスペルンからオーベル・シュレージェンのシュトゥベンドルフに移動した。組まれたライフルの列、地面に置かれたヘルメットや個人装具などが拡がり、移動作業はまだ完了していない。しかし、隊員たちが空腹で困ることはないようだ——画面の中央、手前に大きなパンの塊が写っている。

I./JG1のBf109Eとは、東プロイセン空軍司令部麾下の単発戦闘機兵力のすべてだった。この司令部は東プロイセン地区に配備されていた空軍の部隊全部を指揮する組織である。この地区は飛び地であり、東西の幅100kmほどのポーランド領回廊によってドイツ本土と切り離されていた。

ポーランド作戦が開始された時の東プロイセン空軍司令部の主な任務は、本土との地上連絡を確保するために回廊に侵攻する地上部隊に対する航空支援ではなく(回廊には本土側のポンメルン地方の部隊が侵攻することになっていた)、東プロイセンからワルシャワを目指して南下する第3軍の進撃に対する航空支援に当たることとされていた。

この時期の基本原則通りに、I./JG21とI./JG1はともに公式にケーニヒスベルク[東プロイセン内。現・ロシア領カリニーングラード]の地区防空司令部の直接指揮下に置かれた。

1938年にドイツ空軍は戦闘機隊を、単発のBf109の'軽'戦闘機部隊と双発機(つまりBf110駆逐機)の'重'戦闘機部隊とに分割した。前者は自国内に配備して主に防空任務に当て、後者は爆撃機部隊や急降下爆撃機部隊と協同して、前線や敵地上空でのもっと攻撃的な任務に当たるようにすることが、この措置の目的とされていた。

この整然としているように見える配備と任務の仕分けは、平和な時期の空理空論の代表的なサンプルであり、すぐにその弱点が明らかになった。開戦後、数時間のうちにI./JG21はグーテンフェルトからアリス-ロストケン——東プロイセンの南東部、ポーランドとの国境に近い前線の小さい仮設飛行場——へ進出した。

起伏があり、木立に囲まれたこの牧場(それは'戦場の中'というより、これまでと同様に近い状態だった)から、メティヒの飛行隊は9月1日の午後の半ばに、最初の攻勢作戦任務に出撃した。東プロイセンに配備されていた爆撃機部隊とシュトゥーカ部隊を護衛し、ワルシャワ周辺の敵飛行場に対する攻撃に向かうのが彼らの任務だった。彼らが部隊としての行動の経験が比較的浅かったためか、それとも護衛任務に不馴れであったためか理由は不明だが、この日の彼らの任務はスムースには進まなかった。

上空ではI./JG21のBf109Dが着陸態勢に入り、地上では整備員が同型機の破損状況を点検している。ひとりが右の脚柱の取付部を見上げており、プロペラの左側の先端が曲がっていて、これが破損部らしい。移動滑走中のちょっとした事故か、アリス-ロストケンの整地不十分な滑走路で逆立ち状態になったのかのどちらかだろう。

無事にシュトゥベンドルフに到着したI./JG76のパイロットと地上要員は、次に始まる事態を待って緊張を高めて行った。フランツ・エッケルレ中尉の「黄色の1」の前に集ったこのグループは、毎日定例の状況通報を聞いているところだといわれており、皆の緊張した表情を見れば、その説明は納得できる。

ポーランド空軍戦闘機旅団の編隊が攻撃部隊に襲いかかってきて、I./JG21の各編隊は点々と拡がった断続的な交戦を展開し、それは30分以上も続いた。この戦闘で彼らは4機撃墜の戦果をあげた（5機目の撃墜も報告されたが、確認を与えられなかった）。最初の1機を撃墜したのは第3中隊のフリッツ・グテツァイト少尉であり、敵機は1655時にワルシャワの近くに墜落した。

2機目のポーランド機を撃墜したのは2./JG21のグスタフ・レーデル少尉——間もなく'腕達者'（エクスペルテ）の域に達し、後に騎士十字章柏葉飾りを授与された——だった。敵機は1機目の15分ほど後に、ほぼ同じ場所に墜落した。そのすぐ後の3機目は3./JG21の中隊長、ゲオルク・シュナイダー中尉の戦果であり、4機目はシュナイダーの中隊の下士官パイロット、ハインツ・デットナー伍長が撃墜した。これらの2機は攻撃部隊が引き揚げに移った後の交戦によって、ワルシャワの北方で撃墜された。

4人のパイロットはいずれも、撃墜した敵機は'PZL P.24'であると報告した。しかし、ワルシャワ-オケンチェ飛行場を基地としていた戦闘機旅団が装備していたのはPZL P.11だったので、彼らの戦果がやや古いこの型だったことはほぼ確実である。P.24はP.11の発達型だが、輸出だけを目的として計画され、製造された。

戦争の危機を前にしたポーランド空軍はP.24を70機発注したが、大戦勃発の直前にキャンセルした。短い戦闘期間にポーランド空軍が使用したP.24は1機——先行生産型——のみだったといわれている。

しかし、4機の撃墜確認に対してI./JG21が支払った代償は大きかった。Bf109 6機が帰還しなかったのである。そのうちの5機は燃料切れのために敵地に不時着し、パイロットは全員捕虜になった。6機目は中立国であるリトアニアに着陸した。幸いなことに、後に6名のパイロットは無事に帰国した。その外に7機がさまざまな程度の損傷を受け、少なくとも2機が方向を見失い、基地から遠く離れた所に着陸した。

一方、飛行隊長マルティーン・メティヒ大尉は、戦闘が始まって間もなく、手と腿に負傷した。ハインケルHe111の編隊のひとつの機銃手たちが脅え切って、彼の隊の戦闘機に銃弾を浴びせてきたので、それを抑えるために信号弾を発射しようとした時に、コクピットの中でカートリッジが爆発したためである。幸先のよいスタートだとは、とてもいえない初の実戦出撃だった。

I./JG21には、その傷口を舐めている余裕はなかった。戦争史上で初めての'電撃戦'（ブリッツクリーク）の最初の段階における目的——敵の航空戦力を制圧すること——は急速に達成され、開戦後1週間のうちにポーランド空軍の抵抗を受けることは滅多にないようになったが、この飛行隊は休む間もなく戦い続けねばならなかった。敵の航空部隊の抵抗が薄れると、I./JG21は地上掃射任務での出撃が増加した。目標はワルシャワに向かって南へ退却して行くポーランド軍部隊だった。

開戦第1日目の苦戦の中で4機撃墜戦果をあげた後、この飛行隊はさらに2機の戦果を加えた。9月6日、2./JG21中隊長レオ・エッガー中尉がワルシャワの外周で'P.24'1機を撃墜した。その翌日には、第3中隊長ゲオルク・シュナイダー中尉がワルシャワの北北西70kmあまりの地点で敵の高翼戦闘機1機を撃墜した。これはJG21のポーランド侵攻作戦での6機目——彼にとっては2機目——であり、最後の戦果となった。

同じく9月7日、地上掃射任務に出撃した第2中隊のグスタフ・レーデル少尉が不時着した。戦闘による損傷か、それとも機体の故障か、原因は不明である。しかし、幸いなことに、帰途についていたレーデルの不時着地点は国境に近く、敵の捜索を逃れて翌日、部隊に帰還した。

その後のI./JG21の任務は低空攻撃であり、軽対空火器と歩兵の小口径火器によって何機ものBf109が損傷を受けた。しかし、この飛行隊の死者は、東プロイセン内、国境に近いゲーレンブルク付近で発生した第3中隊の2機接触事故による2名のみだった。

9月の末に、I./JG21はアリス-ロストケンの前線飛行場からイェーザウに引き揚げるように命じられた。メティヒ大尉の飛行隊のBf109の損失と廃棄処分は合計19機であり、損耗率はポーランド作戦に参加したBf109装備の9個飛行隊の中で最高になった。この作戦でのBf109の損失は合計67機であり、I./JG21の損失は全体の30パーセントに達していた。

それに比べると、南部の戦線で戦ったI./JG76——たまたま、この部隊の戦果も撃墜確認6機と不確実1機だった——は、損害が比較的軽かった。旧オーストリア軍の部隊が主力になっているこの飛行隊には、開戦のすぐ前にいくつかの変化があった。フォン=ミューラー-リーンツブルクの下の中隊長2人が他の部隊に転出し、新しい1./JG76の中隊長にディートリヒ・フラバク中尉、3./JG76中隊長に才能の高い曲技飛行パイロット、フランツ・エッカーレ中尉が着任した。この2人はその後、JG54で戦って昇進し、騎士十字章柏葉飾りを授与された。

1939年8月の半ばにI./JG76はウィーン-アスペルン飛行場を離れ、オーベル-シュレージェン地方のシュトゥベンドルフに基地を移した。そしてさらに、ドイツ-ポーランド国境に近いオットムートの郊外の前線仮設飛行場へ移動した。近く始まるポーランド侵攻作戦の際には、ここがこの飛行隊の出撃基地になるように計画されていた。I./JG21の場合はポーランド作戦の期間全体にわたって、東プロイセンの領内に留まっていたが、I./JG76はそれと違って、前進して行

この静かな情景からは想像しにくいことだが、この時、戦争が始まっていた。相手はポーランドだけではなく、西側連合国も加わっていた。オリジナルのプリントを細かく見ると、画面中央の3./JG76の「黄色の9」の垂直尾翼に、撃墜マークの白いバーが1本見える。この機はヴィリ・ローラー伍長の乗機であり、英仏両国がドイツに宣戦布告した1939年9月3日以降に撮影されたものと思われる。この機の翼下面の黒十字の国籍標識が塗りつぶされている。これは翼弦いっぱいに大きな十字を新たに描くための準備である。ポーランド作戦の後半、Bf109も対地攻撃に広く使用されるようになったので、地上から味方機を識別しやすくするために大きな十字標識に塗り変えることになった。後方、右側のパラソル翼のHe46に注目されたい。ポーランド侵攻作戦でこの旧式の戦術偵察機を使用したのは2個中隊だけであり、この機はその一方、4.(H)/31の所属である。

翼下面のオーバー・サイズの黒十字国籍標識は低空での'仲間の'対空射撃を避けるために描かれた。しかし、この第2中隊の「赤の1」は味方の誰かから1発撃ち込まれた。レーオボルト・ヴィーリダル軍曹が口惜しそうに破孔を見つめている。彼は9月17日にラドムの北西方で被弾し、不時着したのだが、これは彼にとってポーランド作戦で三度目の'不運'だった。

く地上部隊とペースを合わせて、占領地域に移動することが予定されていた。

I./JG76は2つの任務を与えられていた。オットムートとその周辺の飛行場にはフォン＝リヒトホーフェン少将指揮下の特別任務航空部隊の100機以上のシュトゥーカが集められており、開戦とともに南東方のクラクフ地区のポーランド空軍の施設に対する攻撃を開始するよう計画されていた。この攻撃部隊を護衛するのがI./JG76の第一の任務だった。この攻撃によって地上部隊の右側面への脅威を取り除いた後、シュトゥーカとBf109は次の任務──ワルシャワに向かって進撃する第10軍の先頭の機甲部隊に対する支援──に当たることになっていた。

開戦の日は霧が拡がった天候であり、敵の航空基地に対する先制攻撃は十分とはいえなかった。

それにもかかわらず、地上部隊は計画通りに侵攻作戦を開始した。開始から48時間後、9月3日──英国とフランスがドイツに宣戦布告した日──に、機甲部隊の先頭はヴァルタ河を渡河し、ウージの南方60kmのカミエンスクまで前進した。

ポーランド軍は次の自然の阻止線となる河川の前方に間に合わせの防御陣地を構築していたが、シュトゥーカはそれを次々にシステマティックに撃破して行った。一方、ドイツ陸軍の先頭部隊はポーランド空軍のPZL P.23カラシュ単発軽爆撃機の攻撃を受けた。

この固定脚で低速だが頑丈な軽爆2機が、9月3日に撃墜され、I./JG76の初戦果となった。撃墜したのは本部小隊のルードルフ・ツィーグラー少尉と、第3中隊のヴィリ・ローラー伍長である。1./JG76中隊長で後に高位エースになったディートリヒ・フラバク中尉も、この日、P.23と交戦したが、結果は惨めなものだった。彼は敵の戦線内に不時着したが、幸いなことに捕虜になるのを免れ、24時間後に部隊に帰ってくることができた。

9月4日、フォン＝ミューラー－リーンツブルクもウージ地区でP.23軽爆1機を撃墜したと報告した。飛行隊長の撃墜戦果は確認を得られないで終ったが、その翌日、第1中隊の2人のパイロットがウージの南でうまく幸運をつかんだ。ハンス・フィリップ少尉（後に戦闘機隊第12位のエースとなったが、比較的早い時期、1943年10月に戦死した）とカール・ヒアー軍曹が、各々'PZL P.24'（おそらくP.11だろう）戦闘機1機を撃墜したのである。

ポーランド軍の英雄的な戦い振りにもかかわらず、ドイツ軍の急進撃は抑えられなかった。9月7日、地上部隊の前進に伴って、I./JG76はオットムートからポーランド内のヴィトコヴォ［ポズナンニの東60km］へ進出した。この日、ヨハン・クライン曹長がこの飛行隊の5機目の戦果となるP.23カラシュを撃墜した。それから24時間も経たないうちに、機甲部隊の先頭がポーランドの首都の至近に到達した。

北部戦線でI./JG21が気づいたのと同様に、戦闘の最初の1週間から後は南部の戦線沿いでもポーランドの航空部隊の抵抗が弱くなり始めた。9月10日、I./JG76にぴったりはまった姓のパイロット、ロロフ・フォン＝アスペルン少尉が、この飛行隊のポーランド作戦での最後の撃墜戦果——毎度お馴染みのPZL P.23軽爆だった——をあげた。その翌日、この飛行隊のポーランド空軍との最後の空戦が起きたが、第2中隊の1機が敵の戦闘機との格闘戦の中で損傷を受けて終りになった。

　この日、前回の基地移動から5日後の9月11日、この飛行隊はポーランド内で次の基地に移動した。この行き先は第10軍の最初の目標であり、1週間足らず前に激烈な攻防戦が展開されたカミエンスクだった。ポーランド航空部隊の行動は最終段階に入っていたが、敵の対空防御砲火はいまだに大きな脅威だった。さらに、これ以降、I./JG76が命じられている低空攻撃任務にとっては危険が高かった。

　9月9日、この飛行隊で2機目のBf109喪失が発生した。第2中隊のレーオポルト・ヴィーリダル軍曹の機が対空砲火によって損傷し、不時着したのである。軍曹は翌日帰隊したが、その次の週にふたたび撃墜された！

　I./JG76のポーランドでの作戦行動の最後の時期に、数機が地上砲火によって損傷を受けた。開戦後第2週の末には部隊の任務はほぼ全面的に達成され、ポーランドからの引き揚げが開始された。最初はシュトゥベンドルフまで、それからウィーン - アスペルン基地へ移動した。9月の末までには飛行隊全体がウィーン郊外の本拠地で、落ち着いた生活を取りもどした。

'奇妙な戦争'
The 'Phoney War'

　I./JG21と I./JG76がポーランドで戦っている間、2個中隊編制のI./JG70は本拠地、ヘルツォゲナウラッハに留まっていた。彼らはこの地域の航空部隊指揮組織、第XIII空軍地区司令部（所在地は彼らの基地から20kmほど離れたニュルンベルク）の指揮下に置かれ、設計時から想定されていたBf109の用途である本土防空の任務についていた。

　これは不必要な警戒態勢だと、やがて明らかになった。'奇妙な戦争'の最初の数週間にわたって、連合軍の航空機の侵入はドイツの国境周辺の地域——西部ではフランスとの国境、北西部では北海の沿岸地帯——のみに限られていた（このふたつの'戦線'の間には中立国、オランダとベルギーの空域が拡がっていたが、連合国とドイツは双方とも、それを侵犯していないように厳正に行動した）。実際に、ニュルンベルクは1940年1月の初めまで爆撃を受けたことがなかった。爆撃が始まった時も、投下されたのは殺傷力のない100万枚以上もの宣伝ビラだった！

　その間にI./JG70には基本的な編制改変が実施された。キティル少佐を飛行隊長とする飛行隊本部を設置する計画が、対ポーランド作戦開始の前に実行に移された。そして次に、キティル指揮下の部隊は3番目の中隊の追加によって、標準的な編制の飛行隊に拡大されることになった。

　その頃、ヘルツォゲナウラッハ飛行場にはJG70の第1、第2中隊のBf109Dとともに、見慣れない型の機の一群が並んでいた。1939年3月、ドイツ軍がチェコスロヴァキアの残りの部分（前年の秋にヒットラーがズデーテンラントを併合し、スロヴァキアがチェコからの独立を宣言した後、ボヘミアとポメラニアだ

けが残っていた）を無血占領し、この時、かなり大量の兵器類を接収した。

　アヴィアB534戦闘機も、その時にドイツ軍の手に入った兵器のひとつだった。1年前のオーストリアのJaGeschwⅡのフィアットと同様に、アヴィア複葉戦闘機のマーキングはドイツ空軍のものに描き変えられた。そして、パイロットと整備員をアヴィアに慣熟させるための訓練コースがいくつか設けられた。そのうちのひとつ、ヘルツォゲナウラッハに設けられたアヴィア訓練コースをベースにして、3./JG70が新設されたのである。

　しかし、この部隊呼称もアヴィア戦闘機装備も短い期間で終った。間もなくこのチェコ製の複葉機と交替するBf109が配備され、1939年9月15日には飛行隊全体がI./JG54（二代目だが）と改称された。キティル少佐は転出し、第2中隊長だったハンス-ユルゲン・フォン=クラモン-タウバデル少佐が飛行隊長に昇任した。

I./JG70は、元チェコ空軍のアヴィアB534を装備した第3中隊が加わって、定数通りの3個中隊編制になった。初期のI./JG76のフィアットと同様に、これらの'外国の'複葉機は長くは使用されず、すぐにBf109に切り換えられた。

　5月に短命で消え去った初代のI./JG54と同様に、新編された二代目もヘルツォゲナウラッハを基地とした期間は数週間に過ぎなかった。しかし、この飛行隊とフランケン地方とのリンクは長く残された。I./JG54はこの地方の首都、ニュルンベルク市の紋章を部隊のマークとして選んだからである。

　ヘルツォゲナウラッハを離れた二代目のI./JG54の最初の行き先は、シュトゥットガルトの南西15kmのベブリンゲンだった。短期間で勝利を収めたポーランド作戦の後、空軍最高司令部はフランスからの攻撃に備えて'西の防壁'沿いの地区の戦闘機兵力の増強に努めた。I./JG54はドイツの対フランス国境の南部、カールスルーエからスイス国境に至るまでの区間の防空兵力の一部となった。

　その後、'奇妙な戦争'の数カ月間に、この飛行隊はこの地域の飛行場の中で最も南にあるフリードリヒスハーフェンに一時派遣された。コンスタンス湖岸のこの飛行場では、戦闘機はツェッペリン工場の巨大な飛行船格納庫に収容された。その後、I./JG54は短期間、オイティンゲン・バイ・ホルブに配備された後、30km足らずの短距離の移動でベブリンゲン飛行場にもどった。

　ポーランド作戦で戦った2つの飛行隊も、ドイツ西部国境沿いの戦闘機兵力増強に当てられた。10月9日、少佐に進級したメティヒの指揮下のI./JG21は東プロイセンから中西部のプラントリュンネに移動した。そして12日後にはあまり遠くないホプシュテンにふたたび移動した。

　これらの2つの飛行場の位置はオスナブリュックの西であり、フランスよりは中立国オランダの領土に近かったのだが、この部隊が西部での初戦果をあげたのはこの地区だった。10月30日、将来の'腕達者'、1./JG21のハインツ・ランゲ少尉が、フランスの基地から偵察のために侵入して来た英国空軍[RAF]のブレニム（第18飛行隊所属）を捕捉し、ホプシュテンの北西40kmの地点で撃墜した。

　その翌月、中立国との国境附近で行動することの難しさを示す事件が発生した。11月30日、通常のパトロール任務で飛んでいたレキシン少尉が方向を

1939年11月22日、I./JG76はザールラント地方の上空でフランス空軍のモラン戦闘隊と空戦を交え、2機を失った。そのうちの1機、ハインツ・シュルツ少尉の「黄色の11」は、その後、パリのシャンゼリゼーで一般市民向けに展示された。胴体後部はスプリンター・カモフラージュ塗装であるように見えるが、これは尾部にかけられたターポリン幕の影である。

見失い、ヴェンロの南方でオランダ領内に迷い込んだ。燃料切れのためと思われるが、好都合な一直線の道路への着陸を試みた。しかし、途中で乗機が建物に接触し、墜落して死亡した。

I./JG76もこの時期までには西部戦線に移動していた。ウィーン－アスペルン飛行場を出発し、ゲルンハウゼンに短い時間、途中着陸した後、11月2日にフランクフルトのライン－マイン民間飛行場に到着した。ここでこの飛行隊も、戦前のツェッペリン格納庫の中に駐機する安楽な状態に恵まれた。

このような快適な生活の中でも、幸いなことに、部隊に気の緩みが拡がることはなかった。I./JG76がフランクフルトに到着した4日後、マックス・シュトッツ曹長（1935年にオーストリア航空隊に入隊し、後にグリュンヘルツ航空団の高位エースのひとりとなった）が偵察任務のブレニム1機を撃墜した。シュトッツの獲物、第57飛行隊の機はヴェストヴァルの防御体制の秘密を探るために侵入してきて、マインツの南西方のバート・クロイツナッハ附近に撃墜された。

このような'奇妙な戦争'初期の撃墜戦果によってドイツ空軍の士気は高まったが、それは11月22日に発生した事態によって振り出しにもどった。この日、I./JG54のBf109 2機が燃料切れのためにオイティンゲンの西方に不時着した。I./JG76のBf109 2機損失はもっと重大な結果になった。フランス空軍のモラヌ－ソルニエMS.406と交戦した後、敵の戦線内に不時着したのである。

ハインツ・シュルツ少尉は燃料切れのため国境を越えるまで飛び続けることができなかった。彼はザールブリュッケンの南、マジノ線要塞の陣地地域の中の野原に胴体着陸し、すぐにフランス植民地軍の兵士によって捕虜にされた。破損している彼の乗機はその後、フランス空軍の義捐金募集のためにパリで展示された。

もう1機はザールラントの国境上空でのモランとの交戦の後、ストラスブールの北6kmほどの地点に破損なしに不時着した。下士官パイロット、カール・ヒアー軍曹も捕虜になった。彼の乗機、「白の14」は完全な状態だったので、フランス空軍の義捐金募集のための見世物よりも実際的な価値のある目的に使用された。フ

11月22日の損失の2機目、カール・ヒアー軍曹の乗機は完全な状態で不時着陸した。彼の「白の14」は仏軍と英軍が飛行テストに使用した。この写真ではフランス空軍の標識が描かれている。尾部標識は前から青／白／赤の3色、胴体の蛇の目の標識で機番の二桁目が塗りつぶされている。

ランス空軍と英国空軍によって徹底的にテストされた後、1942年5月に米国へ送られた。

　3つの飛行隊はその後、'奇妙な戦争'の期間中、西部戦線の各々の配備地区に留まっていた。I./JG21は北部、I./JG76は中部、I./JG54は南部である。どの飛行隊にとっても、天候が許せば国境附近のパトロールに飛び、その大半は何事もなく終り、時々敵機との偶発的な小競り合いが起きるという状況だった。

　12月21日、そのような戦闘のひとつが発生した。飛行隊長、フォン＝クラモン－タウバデル少佐が率いるI./JG54の編隊が、ライン河の東岸上空でフランス空軍のポテーズ偵察機1機とその護衛についたMS.406の12機ほどの編隊を攻撃したのである。ビュールからフライブルクまで80kmほど、あまり手際のよくない追跡を続けた戦いの結果は同点の引き分けだった。フォン＝クラモン－タウバデルが護衛のモラン1機撃墜の確認戦果をあげた。しかし、2./JG54中隊長、パウリッシュ大尉が戦闘で足に負傷し、損傷を受けた乗機から脱出降下せねばならなかった。

　新年の第2週に入って冬の厳しさが少し緩むと、また突然の波乱がいくつか起きた。1月10日、I./JG54がフライブルクの南方でふたたびポテーズ偵察機——この時は護衛なしだった——を迎撃したのである。進入機はライン河を越えた所までは何とか逃げたが、そこで1./JG54中隊長、ラインハルト・ザイラー中尉に捕捉され、撃墜された。

　'ゼップル'・ザイラーはコンドル部隊で9機撃墜の戦績をもつベテランであり、この日の第二次大戦での1機目撃墜に始まり、1944年までに100機撃墜を重ねた——当然、その功績は認められて騎士十字章柏葉飾りを授与された。

　このポテーズ追跡は非常に低い高度であり、ザイラーの列機、シュッツ少尉の乗機は地面に接触し、不運な少尉は戦死した。この日、西部戦線中部でも事故による死者が出た。トリアー地区上空で通常の高高度パトロールの任務についていたI./JG76のクラウス・フォン＝ボーレン・ウント・ハルバッハ少尉のBf109が、垂直に降下して地面に墜落したのである。おそらく酸素系統の故障が原因だったと思われる。

　その2日後、1月12日に3機目のブレニム偵察機(第114飛行隊)撃墜が報告された。I./JG76のベルンハルト・マリシュヴスキ少尉がザールブリュッケンの北方で撃墜したと報告したが、実際にはこの損傷を受けた機は何とか飛び続けてフランス領内に不時着した。2./JG54のエルンスト・ヴァーグナー伍長もフランス領に着地した。彼の場合は彼が望んだのではなく、1月19日にオーベル－ラインの西寄りの地区でMS.406の攻撃を受けて被弾し、落下傘降下したのである。

　一方、I./JG21は西部戦線北部を離れ、クレフェルトとミュンスターを経由してミュンヘン－グラドバッハに移動した。ここでマルティーン・メティヒ少佐は飛行隊長の職をフリッツ・ウルシュ大尉に引き継いだ。メティヒはI./JG54が配備されているベブリンゲンにJG54航空団本部を新設することを命じられ、1940年2月1日付でJG54の初代の司令に任命された。

　その後、悪天候のために作戦行動が妨げられる週がかなり続いたが、気象状態が少しずつ良い方に向かい始めると、国境附近での戦闘機同士の小競り合いがふたたび始まった。4月7日、ストラスブールの西方でI./JG54の編隊が1ダースほどのMS.406に急襲され、パウル・シュトルテ少尉が撃墜されて捕虜

1./JG54中隊長、ラインハルト・ザイラー(左側)が煙草一服の休憩で、第3中隊長、ハンス・シュモーラー－ハルディー中尉に火を貸している。1940年1月、'奇妙な戦争'のピークの時期に雪が積ったベブリンゲン基地で撮影された。

になった。しかし、この空戦は'ゼップル'・ザイラーが大戦での彼の2機目の戦果となるモランを撃墜するチャンスとなった。

その12日後、もっと南の方のベルフォール地方の上空で次の空戦が起きた。この戦闘ではJG54の戦闘での最初の死者と思われる犠牲者が出た。ヘルムート・ホッホ少尉のメッサーシュミットが空中で爆発したのである。

2日後の4月21日の午後、西部戦線中部でI./JG76と英国空軍の戦闘機の編隊が遭遇した。これは記録されている両者の最初の戦闘と思われる。ルクセンブルク国境沿いで渦巻くような空戦が展開された。ドイツ側の戦死者のひとり、2./JG76のレーオポルト・ヴィーリダル軍曹は、第73飛行隊のエース、N・'ファニー'・オートン少尉のハリケーンIに撃墜された可能性が高い。ヴィーリダルは短いポーランド作戦の間に3回不時着して無事だったが、この日は帰還しなかった。

西部戦線、電撃戦開始
Blitzkrieg in the West

フランスと北海沿岸低地帯(ロウ・カントリーズ)(ベルギー、オランダ、ルクセンブルク)への侵攻作戦、'黄色作戦(ファル・ゲルプ)'発動は1940年5月10日と計画され、3つの飛行隊は西部戦線での各々の担当地区で作戦開始に備えて待機することになっていた。

まだミュンヘン-グラドバッハにいたウルシュ大尉指揮のI./JG21は、第2航空艦隊に編入され、JG27の一部として作戦することとされた。I./JG21は前年の10月に東プロイセンからブラントリュンネに到着して以来、JG27航空団本部の指揮下に置かれていた(I./JG1とともに)。これらの部隊の緒戦での任務は、戦線北部でベルギーとオランダの防御線突破を図る地上部隊、B軍集団の進撃の援護に当たることだった。

西部戦線中部と南部に配備されていたI./JG76とI./JG54は第3航空艦隊に編入されていた。電撃戦の主攻撃部隊、A軍集団の先頭に立つ2つの機甲軍団、第XLIと第XIXは、'通過不能'であるはずのアルデンヌ森林地帯を突破し、モンテルムとスダンの2カ所でムーズ河を渡河して、そこからフランス北部を西に向かって海峡沿岸まで急進撃するよう計画されていた。この行動に対する航空支援が第3航艦の任務とされていた。

2月以降、リヒャルト・クラウト少佐が指揮していたI./JG76は、ライン-マイン飛行場から4月17日にライン河西岸のオーベル-オルムに移動していた。この飛行隊も他の航空団本部——この場合はJG2本部——の指揮下に置かれ、その体制の下で'奇妙な戦争'の期間全体にわたってフランクフルト周辺の基地から出撃して戦った。

I./JG54でも飛行隊長の交替があった。ハンス-ユルゲン・フォン=クラモン-タウバデルが1月1日にJG53司令に任命され、コンドル部隊のベテランのひとり(撃墜4機)で5./JG26中隊長だったフベルトゥス・フォン=ボニンがその後任となった。3つの飛行隊の中でフォン=ボニンのI./JG54だけが、本来の上部組織であるJG54航空団本部の指揮下に置かれ、それと同じベブリンゲン飛行場を基地とする恵まれた状態だった。そして、来るべきフランス侵攻作戦に備えてJG54の兵力を増強するために、II./JG51が臨時に配属され、同じ飛行場に配備されていた。

1940年5月10日の夜明け前、戦線の北部、ベルギーとオランダの国境要塞線に対する連携十分な空挺攻撃作戦によって、'電撃戦(ブリッツクリーク)'が計画通りに開始さ

れた。JG27の指揮下に置かれたI./JG21のパイロットたちは最初の任務として、マーストリヒト西方の空域を制圧するように命じられた。彼らの最初の出撃はほとんど抵抗を受けず、そのため戦果は1機撃墜のみだった。飛行隊長ウルシュ大尉がベルギー空軍のフェアリー・ファイアフライ（実際には新型のフォックスだったに違いない）1機撃墜を報告したのである。

午前中半ばの2回目の出撃で、この飛行隊はユンカースの編隊（資料によって異なった二説――Ju87急降下爆撃機、または補給投下任務のJu52――がある）の護衛のためにリェージュ北西方の空域に飛んだ。ここではベルギー空軍の迎撃を受け、I./JG21はグロスター・グラジエーター3機を撃墜した――シュナイダー中尉、ハンス-エッケハルト・ボブ少尉、エルヴィーン・ライカウフ軍曹が各々1機撃墜の確認を与えられた。

その日の午後、この飛行隊はティーネン地区に出撃したのだが、その時の戦果についても資料によって異なった二説がある。グラジエーター2機撃墜と、地上での撃破3機（型式は不明）の二説である。

侵攻作戦二日目には、第1中隊のBf109が1機、ロッテルダム上空でRAFのハリケーン（第17飛行隊の編隊と思われる）に撃墜される損害が発生した。その日の夕刻、I./JG21はベルギー領内に18km入ったペールの小さい飛行場に進出した。

まったく意表を衝いた開戦時の空挺攻撃作戦とその後のドイツ軍の進撃の速さにより、連合軍は全面的にショックに捉えられた。5月11日と12日の航空作戦行動は主に国境沿いの水路――マース河（ムーズ河）とアルベール運河――の周辺に集中していた。ドイツ軍の大兵力が水路の橋梁を渡って西岸に進入し続け、連合軍の爆撃機部隊は立ち遅れながらも橋梁を破壊しようと努め、航空戦が展開されたのである。しかし、ウルシュ大尉のI./JG21は第6軍――牽制作戦の一部としてマーストリヒトからブリュッセルの方向に急進撃していた――の先頭部隊に対する支援を続けた。

5月12日、この飛行隊は5機撃墜の戦果をあげた。4機はブリュッセルの南東方で撃墜したハリケーンであり、5機目はナムール附近での戦果で、フランス空軍のブロック152と識別された。それから24時間後、ディル線（ブリュッセルへの接近を防御する陣地線。ディル河沿い）の上空での格闘戦で、英国空軍のハリケーン3機撃墜が報告された。

しかし、その5月13日の夕刻近くに、I./JG21はベルギー南部の前線臨時発着場へ移動し、そこでフランス空軍の1機のカーチス・ホーク75に襲われ、Bf109 1機を失った。敵の注目を集めるための陽動作戦――オランダとベルギーへの侵攻――は意図通りの効果をあげた。'黄色作戦'の焦点は間もなく別の地域の主攻作戦に移り、劇的な変化を遂げる時が近づいていた。

フランス北西部に配備されていたフランス軍3個軍と英軍の大陸派遣軍（BEF）は構築された陣地線を離れ、ベルギー救援のために北上したので、彼らと、その後方のフランス軍の主力との間に幅の広い危険なギャップが残された。オランダとベル

フランス侵攻作戦の初期、スダン附近に胴体着陸した「黄色の3」。シュモーラー-ハルディーの3./JG54の所属だが、パイロットが誰かは不明。カウリングに退屈そうな顔で腰掛けているのは通信隊の兵士。空軍の機体回収作業班が到着するまでの警備に当たっている。ヘルメットはコクピットの天井にバランス良く置かれている。

この「赤の4」は、新しいヘルブラウ（明るいブルー）のカモフラージュ──電撃戦開始に先立って導入された──が自然な背景の中でどのような効果があるかを示している。穏やかなフランス上空を高い高度でパトロールしているこの機は、カウリングに'ピープマッツ'（雀ちゃん）のマークをつけており、2./JG21（後の8./JG54）所属であることを示している。

ギーの国境要塞線へのドイツ軍の空挺攻撃を見て、連合軍はドイツ軍が第一次大戦開始の時の戦術──当時（そして、この時も同様に）、中立だった北海沿岸低地帯諸国（ロウ・カントリーズ）を突破する北方からの強力な'右フック・パンチ'を繰り出す戦術──の繰り返したと、文字通り信じ込んだのである。

実際には、1940年の電撃戦は、1914年のシュリーフェン作戦の逆を行うように計画されていた。ドイツ軍の機甲部隊の主力は秘密裡に、もっと南方のアイフェル地方（アルデンヌ高地からドイツ領内に連なる森林地帯）の樹林の中の峡谷や急傾斜の間道に集結していた。この主軸の部隊がフランス北西部の連合軍の南北ギャップを通って海峡沿岸まで急進撃するように計画されていたのである。

連合軍がオランダとベルギーでの戦闘に目を奪われている間に、第12軍の機甲部隊はアイフェル地方の隠れ場所から出て、'通過不可能'といわれていたアルデンヌ高地の森林地帯を突破した。そして、手薄な防御線を一蹴し、その先の平野に出るまでの唯一の障害、ムーズ河まで急進撃した。

電撃線開始から72時間後の5月13日、第2機甲師団（第XIX機甲軍団指揮下）の先頭部隊は、スダンの西方（下流）6kmほどの地点でムーズ河を渡河した。この河沿いの防御線がドイツ軍に突破されれば、大きな危機に直面すると突然気づいたフランス軍司令部は、出撃可能なすべての爆撃機によってドイツ軍のスダン橋頭堡を攻撃するように命令し、英国空軍もこの攻撃に参加するように要請した。

その翌日、ムーズ河の数カ所の渡河地点に対して仏英両空軍の爆撃機の攻撃が重ねられた。しかし、ドイツ空軍もこの戦略的にきわめて重要な数カ所のポントゥーン仮橋を守り抜く決意を固めていた。多数の戦闘機編隊──この日、一日で延べ800機以上が出撃した──が上空で待ち構えていて、連合軍機に大きな損害を与えた。日没後に第3戦闘機集団（Jafü3）が一応取りまとめた戦果は、スダン周辺での撃墜は90機に近いという数字だった。第II航空軍団の戦闘日誌には、それ以降、毎年のこの日を祝日、'戦闘機の日'とすると記された。

I./JG76はセダン周辺の交戦で最高のレベルの戦果をあげた部隊の中には入らなかったが、この日の数多くの戦闘で重要な役割を果たした。この飛行隊は5月11日にオーベル-オルムから西方90kmのヴェンガーロールに移動するように命じられた。その2日後、クラウツ中佐指揮下のBf109は、モーゼル峡谷西方の大地にあるこの小さい発着場から出撃し、ムーズ河の上空のスダン-シャルルヴィルの区間のパトロールを開始した。激しい渡河地点上空の戦闘が展開された5月14日には、パイロット全員が少なくとも3回、またはそれ以上の回数出撃した。

その日、正午頃、ひとつの中隊がフランス空軍の15機編隊のホーク75と激戦を交え、4機を撃墜した。しかし、有利に戦えた戦闘だけではなく、ほぼ同じ時刻、別の小隊編隊（シュヴァルム）（4機編隊）は英国空軍のハリケーン2機と交戦し、ルードルフ・ツィーグラー少尉がスダン北方の野原に墜落した。第73飛行隊のエー

ス、E・J・'コッパー'・ケイン中尉に撃墜されたものと思われる。午後の半ばに、この飛行隊はスダンの仮橋梁に対する'低空攻撃'を迎撃して、英国空軍のバトル軽爆2機と護衛のフランス空軍の戦闘機6機を撃墜し、Bf109 2機を喪った。

I./JG54もスダン地区の航空戦に巻き込まれた。5月13日まで、比較的平穏な戦線南部のパトロール任務についていて、フランスの戦闘機2機を撃墜し、損害はリュクスイユ地方でフランス軍の対空砲火によって撃墜された2機に留まっていた。しかし、5月14日になってフォン＝ボニンの飛行隊は、Ju87シュトゥーカの部隊の護衛の任務に当てられた。

この日、第XIX機甲軍団の部隊はスダン橋頭堡地区周辺の敵防御線を突破し、西方への進撃に移ろうとしていた。この地上部隊の行動に対する支援がシュトゥーカ部隊の任務であり、スダンの空域に入るとすぐに、英国空軍のハリケーン1個飛行隊が襲いかかってきた。そこで始まった空戦には、間もなく他のふたつのBf109の飛行隊も加わった。I./JG54は少なくとも3機撃墜と報告した（1機は'スピットファイア'と報告されたが、3機はすべて第3飛行隊のハリケーンだったはずである）。

連合軍の爆撃機の乗員たちは生還の可能性が高くないことを覚悟して出撃を重ねたが、ドイツ軍を橋頭堡内に抑え込むことはできなかった。機甲部隊5個師団は敵の手薄な戦線を突破し、海峡沿岸部に向かって自由に進撃する'レース'を開始し、誰もそれを阻止することはできなかった。

機甲部隊の流動的な進撃——これが電撃戦の本質なのである——に対応するため、ドイツ空軍の航続距離の短い戦闘機の部隊は遊牧民のような状態になった。大暴れを続ける機甲部隊の前進にペースを合わせるために、新たに占領した地域の飛行場へ次々と蛙跳びのように移動して行ったのである。

5月15日、I./JG76はドイツ領を離れてベルギーのバストーニュに移動した。その24時間後にI./JG21は、その南西25kmのヌフシャトーに進出した。連合軍航空部隊のスダン地区に対する全力攻撃の後、航空戦はやや中弛みのような状態になったが、5月16日にはI./JG76がルクセンブルク国境上空で、第85飛行隊のハリケーン2機を撃墜した。I./JG54は、まだ戦場になっていないマジノ線南部の周辺のパトロールを再開していたが、この日に1機を喪った。常に油断のないリュクセイユの対空砲部隊に撃墜されたのである。

5月16日の夕刻、I./JG76の2人のパイロットが各々別の空域で英軍空軍のハリケーンと交戦し、危険な状態に陥ったが、何とか生き延びることができた。シュルテン少尉は第73飛行隊の'コッパー'・ケインと戦った後、不時着した。シペック少尉は第615飛行隊の1機に襲われて被弾し、脱出降下して軽傷だけで済んだ。

中部の戦区では部隊の基地移動が続く中で、I./JG21とI./JG76がシャルルヴィルの飛行場に並んだ時期があったが、すぐに双方ともそこから移動して行った。前者の移動先はカンブレー近郊の野原だった。5月22日にウルシュ大尉指揮下のパイロット

しかし、真夏の青空の中でも危険に陥る可能性はある。5月30日、I./JG76のハガー伍長は大きな代価を支払って、それを認識することになった。彼は通常の機体テストの任務で飛ぶうちにまったく方位を見失って、マルス峡谷地区のオルコンテに不時着した。この地区はまだフランス軍が確保していた。前年11月のヒール軍曹の乗機と同様に、この'白の6'にはただちにフランス空軍の標識が塗装された（この機の方向舵に撃墜マークのバー1本が描かれていたが、これは塗り消された）。

1940年6月、フランス進攻電撃戦の終幕近くに、鉄十字勲章1級が授与された。I./JG76飛行隊長、リヒャルト・クラウト少佐が隊内の3名の最近の戦績に対して、この勲章を授与している。受勲者は左から右への順でディートリヒ・フラバク中尉、ハンス・フィリップ少尉、マックス・シュトッツ曹長である。3人はいずれも、その後にもっと大きく活躍した。

この飛行隊の中でもうひとり、アントーン・シュタングル少尉が5機撃墜の戦果に対して6月のうちに鉄十字章1級を授与された。上段の写真に写っている3人とは違って、シュタングルの活動の期間は終りに近づいていた。フランス侵攻作戦が事実上終結し、英国本土航空戦が始まろうとしていた、1940年6月の半ばに3個飛行隊の体制ができ上がったJG54は、この航空戦の'公式な期間'中にパイロット54名を戦死、行方不明、敵側の捕虜として失い、彼もその中のひとりとなった。

たちは、この臨時発着場から、思いがけない地上攻撃任務に飛ぶことになった。この都市の北方で、フランス軍の戦車部隊と車載歩兵による奇襲反撃が開始されたためである。Bf109は機銃掃射によって敵の前進を喰い止めて時間を稼ぎ、やがて現れたシュトゥーカの編隊が敵の反撃を完全に阻止した。

I./JG76も西方に前進した前線発着場に移動した。そして、5月24日には、この基地から海峡沿岸の港湾、カレーとブーロニュ上空での最初のパトロールに出撃し、フランス空軍のブロック131双発偵察爆撃機——パイロットたちの機種識別能力を信頼するとすれば——1機を撃墜した。

2週間前に軽率にベルギー領内に前進した英国大陸派遣軍(BEF)はドイツ軍に激しく追われ、上陸した時と同じフランスの海峡沿岸地区に向かって戦いながら後退する地獄のような状態に陥っていた。BEFに残された道は大陸からの脱出しかなかった。疲労し切った連合軍の部隊は次々にダンケルクに到着したが、ドイツ空軍はこの港から彼らが脱出するのを阻止するために兵力を集中していた。

撤収作戦は5月26日に開始され、その日にI./JG21はサン・ポルに近いモンシー-ブルトンに移動した。ダンケルクの市内と周辺、そして海岸に溢れた英軍の将兵は口々に、「俺たちの空軍は一体どこに行ってしまったんだ？」と憤懣をいいたてたが、ドイツ空軍の戦闘機隊はその憤懣にまったく同感しなかった。この時期、彼らにとって英国空軍の戦闘機隊は侮れない敵手だった。フランス攻防戦の前線に立って大きな損害を被ったハリケーンの中にはまだ生き残りがあり、イングランド南部の基地から出撃してくる戦闘機軍団の部隊がそれに加わって、ドイツ空軍に対する戦いを展開していたからである。

I./JG21にとって海峡を挟んだ航空戦の幕開けは惨めな戦いだった。モンシー-ブルトン飛行場に到着してから数時間後に、ハルティング軍曹が戦死し、他の2人のパイロットは乗機が修理不能の大損傷を受け、不時着に追い込まれた。

ダンケルク周辺の地区に移動してきた数多くの戦闘飛行隊の中には、長いマジノ線の南の部分沿いの定型的なパトロール任務からやっと解放されたI./JG54も入っていた。それまでこの飛行隊が戦う相手はほぼ全部フランス空軍機だったので、パイロットたちは戦闘機軍団の液冷直列エンジンの戦闘機に馴染みがなかった。このためと思われるが、5月29日の正午頃に撃墜した戦闘機2機を'カーチスP-40'と報告している。

しかし、さすがに、その日の夕刻に撃墜した2機の複葉機は、海軍航空隊のフェアリー・ソードフィッシュ艦上雷撃機(ダンケルク撤収作戦の際、ドイツ海軍のEボートによる妨害を抑止するために、海峡地区で行動していた)と正しく識別している。この日の4機の撃墜戦果のうちの2機——2つの型、各々1

機──は3./JG54中隊長ハンス・シュモーラー-ハルディの戦果だった。

　オランダとベルギーはすでに降伏しており（5月14日と5月28日）、BEFのダンケルクからの撤収（6月4日に作戦完了）によって'黄色作戦（ファル・ゲルプ）'は完了した。そして、フランス陸軍の主力の撃破を目的とした'赤作戦（ファル・ロート）'、欧州西部侵攻作戦の第2段階を開始する時がきた。この作戦開始に先立って、6月3日に大パリ圏内の飛行場や軍事施設に対する強力な爆撃が実施された。

　それに続いて始まった作戦を決まり切った処理作業同様だったと見るのは誤りである。それまでの電撃戦と同様な激戦がいくつも発生した。しかし、ムーズ河渡河作戦で始まった戦局の流れが、フランスの最終的な敗北を確実なものにしていた。パリ周辺に対する爆撃からちょうど2週間後に、首相ペタン元帥は講和の意図を発表した。

　ドイツ空軍は欧州西部での戦争終結よりずっと前の時点で、戦闘序列の整理の準備を始めていた。ドイツが大戦に突入した時、空軍の中でもさらに戦闘機隊は、不十分な状態の航空団（ゲシュヴァーダー）と半ば独立的な飛行隊（グルッペ）が並び、異なった基盤の部隊を寄せ集めただけの編成半ばの組織だった。開戦当時の兵力は戦闘飛行隊（ヤークトグルッペ）19個だったが、そのうち、本来の上部組織、同じ番号の戦闘航空団の本部（シュターブ）の指揮下に置かれているものは三分の一にも及ばなかった。そのため、'奇妙な戦争'の時期にいくつか航空団本部（ゲシュヴァーダーシュターブ）が新編された。JG54本部もそのひとつである。

　しかし、戦闘機隊（ヤークトヴァッフェ）の組織の中で体制整備の動きが実際に始まったのは、'赤作戦'の結末がはっきり見えた後である。それから1～2週のうちに、それまで電撃戦支援のために臨時の指揮系統の下にいくつかずつまとめられていたさまざまな性格の個々の戦闘飛行隊が、だんだんに新しい部隊番号を与えられ、恒常的な航空団本部の指揮下に編入された。

　新しい親航空団の下に移された'みなし児'戦闘飛行隊の最初の一群の中に、I./JG21も入っていた。フリッツ・ウルシュ大尉指揮の東プロイセン人のこの飛行隊は、JG27の下に配属されてオランダ・ベルギー侵攻作戦で戦い、37機撃墜の戦果をあげた後、1940年6月6日に第54戦闘航空団に編入されて、その第Ⅲ飛行隊となった。

　その1週間後、クラウト中佐指揮のオーストリア人の飛行隊、I./JG76はオルレアン周辺の戦線から引き揚げ、JG54の第Ⅱ飛行隊という新しい部隊呼称を与えられた。

　一方、フォン＝ボニン大尉指揮のフランケン人の飛行隊、I./JG54はパリの西方を前進する地上部隊に対する支援に当たっており、6月14日、エヴルー附近での格闘戦で1機を喪い、これがこの飛行隊のフランス作戦での最後の損失となった。そして、9日後に次の戦果、数機撃墜を報告したが、その戦場はオランダ上空に移っている。

　6月21日、フランス軍部隊がマジノ線の一部に立て籠って、まだ苦戦を続けている時に、'新品同様'なJG54は全部が次々にオランダの北海沿岸ベルト地帯へ移動したのである。

chapter 2

英国本土航空戦──その前と後
the battle of britain—before and after

　戦闘終結の前にフランスを離れたJG54の次の任務は、新たに占領地になったオランダを、北海を越えて飛来する英軍機の攻撃から護ることだった。この責務を果たすために、メティヒ少佐は3個飛行隊を6カ所の飛行場に配備した。

　オランダの南西部、ベルギーとの国境に近い地域では、II./JG54がスケルデ河口湾に面したヴァルヘレン島のヴリッシンゲンと、ロッテルダム-ヴァールハーフェンとを基地にした。I./JG54の基地は、やはりベルギーとの国境に近いが、もっと内陸部にあるエイントホーヴェンと、アムステルダム-スキポールに置かれた。そして、III./JG54はアムステルダムを挟んだ2つの飛行場──南東方のスーステルベルグと、北西方で北海に面した（地名の意味通り）ベルヘン・アーン・ゼー──に配備された。

　オランダに到着してから48時間をわずかに過ぎた頃、第I飛行隊のパイロットたちは早くも敵と交戦した。第3中隊のアードルフ・キンツィンガー少尉とアードルフ・シュトロハウザー伍長が、6月23日の夕刻に各々1機のブレニムを撃墜し、確認を与えられた（その日、オランダで撃墜したといわれている第107飛行隊の2機と思われる）。

　その3日後、3./JG54中隊長、ハンス・フォン＝シュモーラー－ハルディ中尉はロッテルダム附近でブレニム1機を迎撃した際、幸運にも最悪の事態を免れることができた。爆撃機の背部銃塔の射弾を浴びて中尉は負傷したが、よろめきながら何とか着陸し、乗機は逆立ち姿勢で停止した。彼は救出され、ただちに病院に搬送されたが、この負傷のために1カ月間飛べない状態が続いた。

　彼が飛べなかった4週間は、'英国本土航空戦(バトル・オブ・ブリテン)'に進む初動の時期と重なっている。7月1日、フランスに配備されているシュトゥーカ隊が英国海峡で船舶に対する攻撃を開始したのである。一方、在オランダのJG54にとってこれは幸運と不運が入り混じった時期だった。6月27日、この航空団は少なくとも4機を撃墜した。そのうちの2機は第I飛行隊長、フォン＝ボニン大尉の戦果だった。しかし、7月8日にはBf109 2機

JG54は英国本土航空戦に備えてパ・ド・カレー地区に配備される前、ドイツ軍占領下のオランダの防空任務についた。新設されたIII./JG54（元I./JG21）はアムステルダム地区に配備された。画面手前のエーミールは飛行隊本部小隊の機であると思われる。カウリングにはこの飛行隊の以前からのマークが描かれている。

9./JG54のヨーゼフ・エーバーレ少尉は8月12日、負傷した状態で海峡を越えて飛び、「黄色の13」をフランスにもどって胴体着陸させた。以前のヘルブラウの塗装は縦の不規則な縞模様の塗装が加えられて、暗い感じになった。エーバーレの乗機、E-4の主翼端、水平尾翼、方向舵の上端の明るい黄色(または白)の塗装に注目されたい。

がロッテルダム港内に墜落し(原因は空中接触と思われる)、第2中隊の下士官パイロット2名が溺死した。

英国空軍はJG54が使用している飛行場を狙って攻撃をかけてきた。7月15日、ベルヘンが空襲を受けて地上要員4名が戦死し、7月23/24日の夜にはスーステルベルグが爆撃され、第Ⅱ飛行隊が人的・物的両面の損害を受けた。このような戦闘の合い間に、JG54はヒットラー総統特別飛行隊のJu52VIP輸送機の護衛を命じられることがあった。国防軍最高司令官であるヒットラー本人、またはその取り巻きの高官の戦線査察の護衛である(フランス侵攻作戦の期間は、I./JG76がこの任務を担当していた)。

7月の後半の2週間ほどの間、英国海峡西部で激しい航空戦が展開された。しかし、それに続く8月の初めの短い期間、やや穏やかな時期があった。ドイツ軍は対英国上陸作戦と、それに先立つイングランド南部に対する全力航空攻撃を計画しており、この時期、空軍はそれに対応する兵力配備再編を実施したためである。来たるべき航空攻撃のための兵力増強の一環として、JG54はオランダの基地を離れてパ・ド・カレーの基地に移動するように命じられた。

8月の第1週に、JG54は移動を開始した。行先はカレーの南方の3カ所の前線発着場であり、十分にカモフラージュされていたが、まだどこか'準備不足'の感じがあった。メティヒ少佐の航空団本部はフォン=ボニン大尉の第Ⅰ飛行隊とともに、海岸線から15kmあまり内側に入ったカンパーニュ-レ-グインを基地にした。

第Ⅱ飛行隊の基地はそこから5kmほど南のエルムランジャンだった。4./JG54は8月7日にオランダの基地から離陸する時に英国空軍の爆撃を受けて大きな損害を被り、Ⅱ./JG54——7月11日以降、新任の飛行隊長、ヴィンテラー大尉の指揮下にあった——は兵力が低下していた。ウルシュ大尉の第Ⅲ飛行隊の基地は「羊の群れの足跡が一面に交差している牧場だったので、新米のパイロットたちは毎度のように離陸失敗に陥りかけた」。この発着場はグイン-シュドと呼ばれることが多かったが、実際には航空団本部の北方、カンパーニュとカレーの港との間にあった。

第1中隊はパ・ド・カレー地区に最初に到着した部隊であり、海峡上空で英国空軍戦闘機軍団と最初に交戦した部隊となった。8月5日の朝、1./JG54の編隊はケント州の沖合でスピットファイアの編隊と小ぜり合い程度の戦いを交え、損傷を受けた1機がフランスにもどって不時着した。その日の午後、第1中隊は船団攻撃に向かうJu88の小編隊を護衛して、ドーヴァー海峡に出撃した。

そこでハリケーン1個飛行隊と交戦し、中隊長ラインハルト・ザイラー中尉の乗機が被弾し、彼は重傷を負ったが、落下傘降下することができた。数時間後、'ゼップル'・ザイラーは海峡の中央のあたりでドイツ海軍に救助されたが、翌年の春まで戦線に復帰できなかった。

8月10日までには、不運だった第4中隊を除いて、JG54はフランスの基地に落ち着いた。5kmほどしか離れていない基地に配備され、そろって第2戦闘機集団（Jafü2）——その後のイングランド南東部上空での制空戦闘を担当した指揮組織——の指揮下に置かれ、第54戦闘航空団の3つの飛行隊はここでやっと、一体にまとまった戦闘部隊として作戦行動を始めることになった。

しかし、この新しい強力な体制の下で長く戦うことができなかった者もあった。8月11日はケント州のドーヴァー－カンタベリー地区上空への一連のフライ・ヤークト（戦闘機索敵攻撃）の出撃が続いた。その翌日の朝と夕方にも同じ作戦行動が予定されていたが、当日になってJG54は、索敵攻撃の合い間に兵力の一部を爆撃作戦の護衛に当てるように命じられた。目標は'カンタベリー飛行場'（マンストンと思われる）であり、出撃は午後遅くになった。

この8月12日のグイン－シュドからの出撃にはIII./JG54飛行隊本部のアルブレヒト・ドレフル中尉も参加していた。彼は次のように語っている。

「目標の近く、高度6000mのあたりで展開された空戦で、私は何とかスピットファイア1機を撃墜したが、そのすぐ後に私の方が撃墜された。幸いなことに、私の機は火災が起きなかったが、エンジンとプロペラ・ピッチ制御装置に被弾して、すべてが動かなくなった。仕方がないので、私は胴体着陸した」

破片で負傷していたドレフルは、マーゲートの近くの野原に胴体着陸した。座席の後方からヤブコ（パイロットのオーバーナイト用の鞄）を取り出した後、彼はこの土地の病院に連行された。そこで回復するまで'数日間'入院治療し、それから本格的な捕虜の生活に移った。もうひとりの第III飛行隊のパイロットは、もっと運が悪かった。シュタブナー等飛行兵の機はケント沖の海面に墜落した。その外に3名がその日の出撃で負傷したが、損傷した乗機を注意深く飛ばし続けて、フランスまでたどり着いた。ドレフルが撃墜したと述べているスピットファイアの外に、この空戦で少なくとも第2中隊のアルフレート・シュンク軍曹がもう1機撃墜している。

その翌朝は、大いに呼号されていた'アドラーアングリフ'（鷲の攻撃）作戦

8月12日の損失のもう1機はこのBf109E-4、第III飛行隊の技術担当将校、アルブレヒト・ドレフル中尉の乗機である。細かく見ると、飛行隊マークとその近くに0.303in（7.7mm）機銃弾の弾孔がいくつも並んでいる。もし、敵のスピットファイアのパイロットがこのマークを狙って射撃したのであれば、これ以上の見事な命中はないといえるほどである。彼の素晴らしい射撃の腕と同様に、この機のパイロットの腕前も高く、マーゲイト附近のヘングローヴの海岸に見事に胴体着陸した。

が発動されるはずだった。英国空軍戦闘機軍団の兵力とイングランド南部の戦闘機飛行場を文字通り完全に撃滅するための全力航空攻撃作戦である。しかし、悪天候と重大な通信の混乱が重なって、'アドラータークル'（鷲の日）の構想は見る間に崩壊してしまった。

いくつかの爆撃機部隊は戦闘機の護衛なしで海峡上空を西方に向かい、その一方で護衛すべき爆撃機部隊を伴わずにイングランド上空に進入した戦闘機部隊もあった。JG54を8月の初めにオランダからフランスに移動させた主な理由は、この兵力を'アドラーアングリフ'作戦に加えることだった。しかし、この大混乱の中で、JG54の8月13日の作戦での活動はゼロに等しかった。それは第Ⅱ飛行隊のあるパイロットがその日に飛行日誌（ログ・ブック）に書き残した数語で十分に表現されている。「フライ・ヤークト——途中で作戦中止」。

8月15日、JG54はケント州上空に全力出撃した。3個飛行隊はこの日の戦闘機隊の行動すべて、フライ・ヤークトと爆撃機編隊の護衛の双方に参加した。この日の損失はパイロットの戦死または行方不明4名に及んだ。第9中隊のニーダーマイアー伍長はクランブルック附近で撃墜され、第2中隊のゲルラッハ少尉と第5中隊のハウトカッペ伍長は海峡上空で姿を消し、第2中隊のシュナール軍曹は損傷した乗機で大陸側まで飛び続けたが、ベルギーのコルトレイクで墜落して戦死した。それに加えて、グイン-シュドでの事故によって地上要員2名が死亡した。これだけの損失に対して、この日の戦果は第1中隊のシェーンヴァイス軍曹が撃墜したスピットファイア1機だけであり、まったくバランスの取れない収支だった。

その後、10日間にわたって、ゆっくりしたペースではあったが着実にJG54の人員と機材の損耗が増大して行った。8月16日には、3./JG54のクネドラー軍曹が海峡越えの出撃から帰還せず、負傷したリンメル伍長がサンタングルヴェールで不時着し、乗機は修理不能状態になった。それから2日後、8月18日は英国本土航空戦の'最激戦の日'だったが、JG54は機材の損害3機に止まった——第7中隊の1機がグインからの離陸に失敗して墜落し、夕刻にヴリシンゲンを空襲した戦闘機軍団のブレニムの編隊との交戦で、第Ⅱ飛行隊のE-3 2機が被弾した。

8月21日、第Ⅲ飛行隊のエーミール [E型の愛称。ここではBf109Eのこと] 1機がふたたびグインからの離陸に失敗して機体が損壊し（この牧場の羊の群れの足跡は、いまだに実害があった）、第6中隊のE-1 1機がヴリシンゲンまでもどって胴体着陸したが、機体の損傷は軽度だった。その翌日、第Ⅱ飛行隊の部隊間連絡用のゴータGo145が墜落し、第5中隊の下士官2名が死亡した。その2日後、ふたたび連絡機の損失が発生した。航空団本部のアラドAr66がアムステルダム-スキポールで、オランダの飛行場数カ所を襲ったブレニムの部隊の爆撃によって破壊されたのである。

この時までには空軍最高司令部にとっても、'アドラーアングリフ'攻撃作戦が悲惨な失敗だったことは明々白々になっていた。英国空軍の戦闘

ハンネス・トラウトロフト大尉は1940年8月25日にJG54司令に任命され、その後、彼の名とこの航空団とのリンクは切っても切れないものになった。3人の中央に立つトラウトロフトは彼のいつもの葉巻ではなく、田舎風のパイプをくわえている。彼の左側は航空団副官、オットー・カト中尉、右側は技術担当将校、ピホン・カラウ・フォン=ホーフェ中尉である。

英国本土航空戦の期間全体を通じて、JG54は小規模な兵力をオランダに派遣し、この地域の防空任務に当てていた。この第5中隊の「黒の4」(製造番号3639と思われる)はその分遣隊の1機であり、このようにスケルデ河河口に胴体着陸しているのは敵との交戦の結果ではなく、エンジン故障のためである。この写真は1940年8月26日、夕方の早い時刻に撮影された。

機隊は撃滅されるどころか、ドイツ空軍の攻撃に反撃する戦力を高めていた。ヘルマン・ゲーリングは責任を転嫁するためのスケープゴートを探し求めた。彼はこの事態の原因は彼の指揮下の戦闘機隊の'期待外れの戦い振り'にあると思い込み、その本当の理由を考えようとはしなかった。彼は戦闘航空団司令たちに目をつけた。彼らは齢を取り過ぎていて、必要なだけの攻撃精神をもたないようになっている。彼らは司令の職から離れなければならないと、ゲーリングは公然といい放った。

ある面で、このデブの国家元帥のいうことは正しかった。航空団司令の中には、彼と同様に第一次大戦当時のパイロットであり、新型戦闘機による戦いの先頭に立つのには不適切な者もいた。これ以降、戦闘航空団司令は32歳以下の者とすると、空軍最高司令官は布告した。彼はもっと若く、もっと活力に満ちたパイロットたち——最近の低地帯諸国とフランスに対する侵攻作戦で勇気とリーダーシップと技量を発揮した者たちを司令の職に据えねばならないと考えたのである。

JG54司令、マルティーン・メティヒ少佐は第一次大戦で戦うだけの年齢ではなかったが、この時、37歳だった。彼はそれまで、身体的にも精神的にも、パイロットとしても指揮官としても、'不適切'と上層部の者に見られたことはなかったが、自動的に交替必要の枠に入ってしまった。単に幸運に恵まれたためか、それとも誰かの立派な判断によるものか、メティヒの後任に選ばれてJG54のトップに立ったのはすばらしい人物だった。彼はすぐに彼の人柄の好印象を航空団全体に植えつけ、それから3年近くその先頭に立って戦い、その後もJG54と不可分なリンクを保つことになった。

28歳のハンス・'ハンネス'・トラウトロフトはゲーリングが探し求めていた若い指揮官——前線の戦闘機部隊に'新しいスピリット'を吹き込む能力をもっている者——の原型のような人物だった。彼は民間の飛行訓練を受けた後、1932年の末に国防軍に入隊した。国防軍はソ連と協定を結び、ボロネジの北方100kmあまりのリペーツクに秘密の軍用飛行訓練施設を設けていたが、トラウトロフトは選ばれてそこに送られたパイロットのひとりだった。

1934年1月1日に少尉に昇進した彼は、いくつかの戦闘機訓練学校で教官職を勤めた後、コンドル部隊に送られてスペインで戦い5機撃墜の戦果をあげた。

トラウトロフト中尉は2./JG77中隊長として第二次大戦勃発を迎え、ポーランド作戦で1機を撃墜した。1939年9月22日、I./JG20(これも開戦時の空軍の戦闘序列の中の半独立的な戦闘飛行隊のひとつであり、1940年7月にⅢ./JG51と改称された)の飛行隊長に昇進した。沿岸低地帯諸国とフランスに対する侵攻の際には、大尉に進級していたトラウトロフトは彼の戦果リストに5機を加えた。このような彼が1940年8月25日に、マルティーン・メティヒ少佐の後任の司令として第54戦闘航空団に着任したのである。

ハンネス・トラウトロフトは彼自身、特に高い撃墜記録をあげてはいないが、戦闘機パイロットとしての空戦能力は高く、それに加えてもっと価値の高い資質をもっていた。それは生来のリーダーの資質である。彼は自分自身の戦績や地位を高めることよりも、部下の生活と意欲を最善の状態に保つことと、部隊全体として高い成果をあげることが最も大切だと常に考えていた。

　彼が着任後、早い時期に考えたことのひとつは、航空団全体に共通する部隊マークを採用することだった。異なった地方色の濃い3つの飛行隊で構成されているJG54で、皆が同じ部隊の隊員なのだという連帯意識を高めることが目的だった。彼はそのためのインスピレーションを自分のルーツに求めた。彼はヴァイマールの北方数キロのグロース-オプリンゲンで誕生した。ヴァイマールはテューリンゲン地方の首都であり、森林地帯が拡がっているこの地方は'ドイツのグリュンヘルツ（緑のハート）'と呼ばれていた。作戦行動の合い間を縫って、できるだけ早く、JG54の所属機と車両全部に、単純だが強い印象を与える'グリュンヘルツ'の紋章（バッジ）が描かれた。

　個々の飛行隊（時には中隊）の従来の独自の紋章はそのまま残されたので、その結果、JG54の所属機の紋章塗装は戦闘機隊の中で最もカラフルなもののひとつになった。トラウトロフトは指揮下の部隊の異なった歴史に賛辞を贈るために、彼の乗機──本部小隊の機の多くもそれにならった──の'グリュンヘルツ'の中に3つの飛行隊の小さい紋章を並べて描き込んだ（カラー塗装図17を参照）。

　しかし、このような部隊マークの移り変わりは、もっと後の時期のことだった。新しい司令の着任の時期、ドイツ空軍は海峡を挟んだ英国空軍戦闘機軍団との対決に直面しており、JG54もだんだんにそれに激しく巻き込まれて行った。トラウトロフト大尉が指揮をとるようになったその日、夕刻のフライ・ヤークトに出撃した第I飛行隊のヘルト中尉が、ドーヴァー上空での空戦（相手は第54飛行隊のスピットファイア1機）で戦死した。第2中隊のジークフリート・フォン=マトゥシュカがこの出撃で別のスピットファイア（これも第54飛行隊所属と思われる）を撃墜して、この日のスコアはタイになった。

　その後、点々と損失が続いた。8月28日、第1中隊のオットー・シェトル軍曹の機がダンジュネス上空での格闘戦の中で火を噴いて墜落したが、彼は生き延びて捕虜になった。第II飛行隊のクレーマン伍長はそれほど幸運ではなかった。彼の乗機、エーミールは海峡の半ばの上空で行方不明になった。

　その48時間後、II./JG54のロト中尉とルードルフ・'ルディ'・ツィーグラー少尉（1年ほど前、ポーランドでこの飛行隊の最初の戦果をあげたパイロット）の2機が、サレー上空で'英軍機1機を攻撃中'に空中接触して墜落し、2人とも捕虜になった。9月1日には5./JG54中隊長、アントーン・シュタングル中尉がこの2人と同じ目に遭い、同様に捕虜になった。

　9月の最初の朝、第5中隊は2つの編隊に分かれて、ティルバリーのドックを

この機、ハインリヒ・エルバーズ伍長のエーミールは英国本土航空戦の犠牲そのものだった。9月2日、RAFのハリケーンの編隊と交戦した後、アッシュフォード付近に不時着した。このように不時着した他の機と同様に、この8./JG54のBf109は戦時国債発売や義捐金募集の宣伝のために英国の各地で展示された。風防のすぐ下の位置に描かれた「2」は珍しい例だが、この時期の第III飛行隊では通常だった。カウリング前部のパネル1枚が消えているが、これは記念品漁りがすでに第III飛行隊のマークを'解放した'（かっぱらった）ためである。

世の中、いつものことが逆になる場合もある。J・L・ケイスター少尉は9月6日、海峡を越えて東へ引き揚げるBf109を追跡したが、彼の乗機(第603飛行隊のXT-D、X4260)は、I./JG54飛行隊長フベルトゥス・フォン=ボニン大尉に追い詰められ、この飛行隊の基地、シャンパーニュ-レ-グインの近くに不時着した(詳細については本シリーズ第11巻「メッサーシュミットBf109D/Eのエース 1939-1941」を参照)。

目標とする爆撃作戦の護衛に当たった。列機を連れて飛んでいたシュタングルは700mあまり下方にスピットファイア1機を発見した。攻撃のための降下に入る前に、いつもの通りに左の肩越しに後方を見廻した。そこで彼の目に入ったのはおそろしい状況だった。

「……どこの隊の機か不明だが、メッサーシュミット1機が50mか60mほどの至近距離に迫っていた。全速力で機首を私の機に向け、プロペラのディスクが陽の光の中で輝いていた。あの一瞬の後方確認の動作で私は助かったのだ」

衝突は避けられないと判断したが、シュタングルは本能的に操縦桿を前に押し、同時に強く右へ倒した。彼の機首は下がったが、それは十分ではなかった。突っ込んできた機のプロペラのブレードが、シュタングルの機のカウリング、コクピットのすぐ前の位置を叩いた。彼は前につんのめり、レヴィ照準器に額をぶっつけて一瞬気を失った。すぐに意識を取りもどした彼は、その途端に、左の翼が無くなっているのに気づいた(「この瞬間、私の目の前に拡がったのは、生涯で最も素晴らしい機上からの眺めだった!」と彼は語っている)。しかし、そこで、身に浸み込んだ訓練で身体が自然に動き、脱出降下の体勢が整った。

幸運にも、彼のぶっ壊れた「黒の14」は外側廻りのスピンに入ったので、彼は難なくコクピットから脱出できた。実際には「おそろしく強い力で機外に放り出された」のである。彼は高度6000mほどの所で落下傘を開き、地上に着くまでに30分近くかかった。もちろん、周囲をじっくり見廻す時間と心の余裕は十分にあった。

「その日、見通しは最高だった。英国海峡の全体とその先までが見えた。一方にはダンジュネスの岬が見え、もう一方にはカレーが見えた。カレーの海岸線から数キロ内陸に入ったあたりには、我々のにわか造りの飛行場と、その外周の樹林——いつも見馴れていて、見誤るはずはなかった——も見え

第9中隊のハンス-エッカーハルト・ボブ中尉は、1940年9月13日、冷却器に被弾した後、エンジンの作動と停止を繰り返す'ローラーコースター'飛行でイングランド上空からフランスまでもどってきて有名になった。その後に撮影されたこの写真(1941年3月7日に授与された騎士十字章を襟元につけている)では、革の長コートを着て「黄色の1」のコクピットの中で窮屈そうに立ち上がっている。

た！」

　シュタングルは不本意ながら落下傘降下し、ケント州アッシュフォードの英国陸軍の兵営に着地した。その24時間後、JG54は英国本土航空戦の期間全体の中で最悪の部類に入る損害を被った。9月2日、またまた空中接触事故で、第Ⅱ飛行隊の2人のパイロット、エルジング中尉とフラウエンドルフ伍長が戦死した。この事故は出撃からの帰途、カレー周辺の上空で発生した。

　それと同じ日、Ⅲ./JG54はケント州上空でパイロット2名を失った。飛行隊本部のエッケハルト・シェルハー中尉はカンタベリーの南西に墜落し（彼の遺体発見は40年近く後になった）、第8中隊のハインリヒ・エルバース伍長はアッシュフォードの近くで派手に不時着して人目を引いた後、捕虜になった。第Ⅲ飛行隊の他の2機は大きな損傷を受け、フランス側まで何とかたどり着いて不時着した。

　9月4日の損失はドーヴァーの沖合で撃墜された3./JG54のヴィト中尉だけだったが、その翌日は暗い一日になった。5日の損害はパイロット3名戦死、4人目は行方不明と判断された。後者は第Ⅰ飛行隊のフリッツ・ホッツェルマン伍長であり、彼の乗機はメイドストーン上空での低高度の格闘戦で撃墜されたが、うまく落下傘降下して捕虜になっていた。

　3名が戦死したのはテームズ河河口のエセックス側の上空での戦闘だった。第5中隊のベーゼ伍長と第9中隊のデットラー軍曹はサウスエンド沖合の海上とピッツシー沼沢地に墜落した。戦死者の3人目はⅢ./JG54飛行隊長フリッツ・ウルシュ大尉だった。彼のエーミールはピッツシー附近で第17飛行隊のハリケーンに撃墜された。この日の作戦の後、トラウトロフト司令が語った感想は広く知られている——「空はどこにも蛇の目のマークでいっぱいだ。兵力の上で我々が劣勢に立たされていることを、初めて痛感した」。

　そのような状況と、この時期のJG54の損耗率を考えれば、ハンス－ヘルム

海峡越えの航空攻撃は一方的なものではなかった。これはそのことを証明する写真である。トラウトロフト大尉（画面右端）と彼の航空団本部スタッフが、撃墜されたRAF爆撃機軍団のブレニムの偵察員——小柄で、明らかに脅えている——と何か話そうと努めている。

グイン－シュド飛行場の列線に並ぶ第8中隊のエーミール。1940年9月。ヘルブラウの塗装は変わっていない。手前の機（方向舵に撃墜バー2本が描かれている）のパイロットは誰か不明だが、その後方の、「黒の3」はエルヴィーン・ライカウフ少尉のいつもの乗機である。

8./JG54の'ビープマッツ'（雀ちゃん）のマークがはっきりと見える。このカウリングを黄色に塗ったBf109のDB601エンジンは、右の翼に立った整備員がコクピットの中に手を伸ばしてスロットルを緩めているが、まだスムースに回転せず、反抗的に咳き込んでいる。機体向こう側の「ブラック・マン」は担当の作業を終って、始動ハンドルを取り外している。

ート・オスターマン少尉とかいう名のパイロットが書き残した第7中隊の同僚のパイロットたちの様子は、驚くに当たらない。グイン基地で彼らの緊張は高まり続け、「もっと穏やかな場所に移りたいものだ」などと、初めておおっぴらに語り合うようになったと書かれている。

実際には、JG54にとって英国本土航空戦での最悪の時期は過ぎていた。もちろん、その年の終りまでパイロットの死傷者は点々と続いたが、パ・ド・カレーに移動してきた直後の激戦の1カ月あまりは過ぎ去り、JG54の運勢は変わり始めた。隊員の経験は高まり、優れた資質をもつ者が頭角を現し、彼らの撃墜戦果は延び始めたのである。

フリッツ・ウルシュが戦死した後、後に'腕達者'（エクスペルテ）のひとりになったギュンター・ショルツ中尉が第Ⅲ飛行隊長代理に任じられた。ショルツはいささか士気低下していた模様の7./JG54中隊長であり、この時期に飛行隊長に昇進した中隊長の2人目だった。ちょうど1週間前の8月30日、エルムランジャンの村の小さい学校──Ⅱ./JG54の将校食堂として使われていた──で堅苦しくないパーティーが開かれた。ヴィンテラー大尉の後任の第Ⅱ飛行隊長に任命された第4中隊長、ディートリヒ・フラバク大尉の昇進を祝う会合だった。

9月9日、フラバクが率いるⅡ./JG54はロンドン爆撃に向かうHe111の編隊の護衛に当たり、スピットファイア3機を撃墜し、損害はなかった。第Ⅰ飛行隊ではエーミール2機が海峡上空で姿を消した。第1中隊のビバー軍曹は行方不明と判断されたが、もうひとりの3./JG54のパイロット（氏名の記録はない）は、空海救難隊（ゼーノットディーンスト）に救助された。その9日後、別のパイロット1名（これも氏名不明）が、過大な量の任務を背負いながら高い機能を維持しているこの部隊によって無事に救助された。

このような日々の戦いのうちに、歴史的な9月15日の戦いが繰り広げられ、過ぎて行った。この日に展開された激烈な航空戦闘はその後、この攻防戦全

4./JG54中隊長、ハンス・フィリップ中尉（左から2人目）のエーミール。方向舵の18本の撃墜バーの最後の3本は10月13日の戦果である。その後、彼は戦果を2機加え、11月2日にJG54で2人目の騎士十字章を授与された。左側に立っているのはビホン・カラウ・フォン＝ホーフェ中尉。彼のこの時の個人スコアは4機だった。

このⅡ./JG54飛行隊本部の機はボブ・スタンフォード・タック大尉の攻撃を受け、ほぼ完全な状態でケント州テンターデン付近に胴体着陸した。地上でドイツ空軍の戦闘機の銃撃を受けるのを防ぐため、機体はただちにカモフラージュされ、パイロット、ベルンハルト・マリシェウスキ少尉は捕虜になった。彼のエーミールはその後、方々で展示されることになった。

体のクライマックスと見られるようになり、英国では'英国本土航空戦記念日'としていまでも毎年祝われている。

　この日、JG54のパイロットたちは挫折感と腹立たしさを散々味わわされた。国家元帥の特別な命令により、彼らは護衛すべき爆撃機編隊の至近の位置について飛ばねばならず、その位置を離れて自由にパトロールすることは厳重に禁止された。もっと重大な問題だったのは、爆撃機編隊の上方の位置につくのを厳禁されたことだった（これもゲーリングが現代の航空戦の実際の戦術をまったく理解していなかったことの例証である）。JG54のパイロットたちは、英軍の戦闘機が降下して、何の妨害も受けずに攻撃をかけてきても、狂ったようにスロットル操作を繰り返して、低速な爆撃機編隊と同じ速度で至近の位置を飛び続けること以外に何もすることができなかった。

　JG54の損失はあまり大きくなかったが、それは英軍の戦闘機が狙いやすく撃墜の効果が高い爆撃機に攻撃を集中したためである。第Ⅲ飛行隊の1機は絶望的な危機に陥ったが、パイロットの技量と頭の働きによって、それを乗り越えることができた。

　ハンス-エッカーハルト・ボブ中尉のエーミールはカンタベリー上空で冷却器に機関砲弾を受けた。その時の高度は3600mであり、エンジンを切って滑空に移れば、うまく行っても海峡の半ばまでしか飛べないと、彼はすぐに判断できた。しかし、冷却器が作動しないままでエンジンを廻し続ければ、エンジンはすぐに過熱状態に陥り、完全に停止してしまうはずである。そこで彼は、ふたつのオプションの両方をうまく使い分けようと心を決めた。

　エンジンが過熱状態に近づいた時には、貴重な高度を失うことになるが浅い角度の滑空に移り、風車状態で回転するプロペラの後流でエンジンの温度が十分に下がった時に再スタートさせる方法を取ったのである。この切り換えを何回か繰り返したボブの乗機は、ローラーコースターのように上下する曲線を

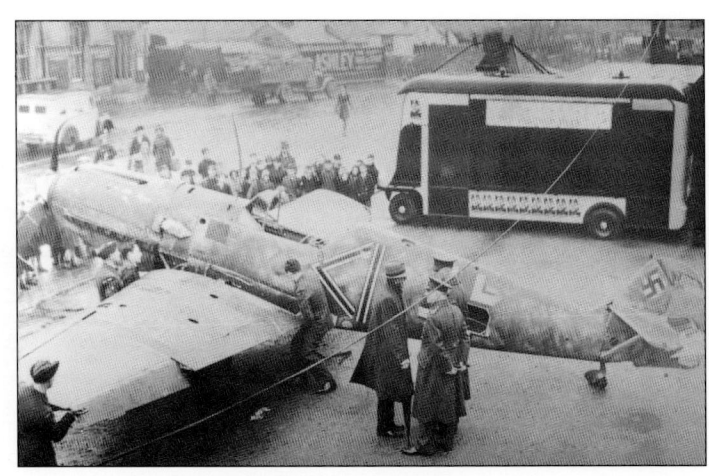

……そして、260kmも北のリンカーンでも展示された。ここでは市当局主催の兵器展示ウィークの最大の目玉となった。

もう1機、10月にケント州に胴体着陸した第Ⅱ飛行隊のエーミール。このヨアヒム・シベック中尉の、「赤の7」は、バック・ミラーがあるのにもかかわらず、アッシュフォードの南北方でRAFの戦闘機数機に後方から攻撃され、逃げ切れなかった。彼の機はエンジン停止に陥り（プロペラ2本だけが曲がっていることに注目されたい）、胴体着陸した。マリシェウスキの乗機と同じく、風防の下に暗い色の正方形が見える——飛行隊マークを描く準備だったのかもしれない。

描いて飛び、無事にフランスにたどり着いた。

当然のことながら、イングランド南部の住民の目は、ほぼ毎日のようなドイツ空軍の攻撃から彼らの頭上の空を護るために飛び廻る英国空軍の戦闘機に集まっていたが、海峡と北海越えの航空攻撃は一方通行ではなかった。英国本土航空戦の期間全体にわたって、爆撃機軍団はドイツの占領地帯沿岸の港湾と、フランスと低地帯諸国内の飛行場に対する攻撃を重ねていた。

この西方からの攻撃に対してうまく戦うために、JG54の3個飛行隊は時々、短期間の分遣隊——通常、小隊（シュヴァルム）（4機）の単位——をオランダのいくつかの飛行場に配置した。そして、9月の最後の週に、I./JG54はパ・ド・カレーを離れ、ドイツ北部の沿岸地帯に移動した。

フォン＝ボニン大尉の飛行隊本部はイェーファーを基地とし、指揮下の3個中隊はデンマーク国境から南方のオランダにかけて、大きな弧を描いて配置された。その後の8ヵ月にわたって使用した飛行場はジュルト島のヴェスターラント、ヴァンガーローゲ（これもフリージッシェ諸島のひとつ）、ヴェザーミュンデ、オランダのフローニンゲンなどである。

一方、第I飛行隊が転出した跡を埋めるために、Ⅱ./JG54は9月22日にエルムランジャンを離れ、北方、あまり遠くないカンパーニュに移動して、航空団本部と合流した。その後、9月の残りの8日間に4名のパイロットが帰還しなかった。9月23日、第3中隊のクニップシェアー曹長がドーヴァー沖合に落下傘降下し、行方不明となった（彼はI./JG54の英国本土航空戦での最後の人的損失だった）。

9月27日はJG54のフランスに残った2つの飛行隊にとって忙しい日になった。ロンドンまでの爆撃機編隊護衛2往復もあって、出撃4回を重ねた者もあった。第8中隊のアントーン・ショーン中尉は損傷した乗機でケント州フェーヴァーシャム附近に不時着を試みたが、途中に塀に衝突して死亡した。9月の最後の日、9./JG54のヴィルヘルム・ブラーツ伍長はケント州トンブリッジの東で墜落して戦死し、第7中隊のマルケ軍曹はサセックス海岸近くのベックスヒル附近に不時着して捕虜になった。

運命の気まぐれで、10月の9名のパイロットの損失の最初の2名は、10月9日に先月末と同じく第9中隊と第7中隊から出た。いずれも英軍の戦闘機との交戦によるものであり、状況も似ていた。9./JG54のヨーゼフ・エーバーレ少尉は海峡上空で姿を消した。しかし、第7中隊のフリッツ・シュヴェザー曹長の方はホーキング附近でうまく不時着し、捕虜になった。

それから72時間後、それとよく似た状況で2名のパイロットが失われた。第7中隊のフリードリヒ・ベーレンス少尉は海峡上空で撃墜されて戦死したものと思われ、Ⅱ./JG54本部小隊のベルンハルト・マリシェヴスキ少尉は英国空軍の伝説的なエース、'ボブ'・スタンフォード・タック大尉との空戦を何とか切り抜け、損傷を受けた乗機をテンテーデンの近くに不時着させて捕虜になった。

ヨアヒム・シペクが捕虜になってから2日後、第7中隊のアルノ・ツィンマーマン伍長が同じ運命をたどった。10月27日、彼も損傷したエンジンを注意深く操作して、「白の13」をダンジュネス附近の砂利浜に胴体着陸させた。この写真ではほとんど見えないが、この機の風防の下の位置に機番が書かれ、黄色塗装のカウリングには7./JG54の'翼が生えた木靴'のマークが描かれている。

10月20日、朝のうちのケント州海岸沿いへのフライ・ヤークトに出撃した第9中隊のアードルフ・イーブルク軍曹は、戦闘機軍団の高位エースのひとり、A・A・'アーチー'・マッケラー大尉と戦うというおそろしい目に遭った。軽傷を負ったが、幸い墜落するのは免れてニュー・ロムニーの郊外に不時着することができた。

10月21日には第II飛行隊長、ディートリヒ・フラバク大尉に騎士十字章が授与され、彼はJG54で初めての受勲者となった。その時の彼の戦果は合計16機であり、戦闘機隊の中で英国本土航空戦の間の受勲者の24人目だった。その翌日、彼の飛行隊の第4中隊長、ハンス・フィリップ中尉が同じく騎士十字章を授与された。中尉は13カ月以上も前、ポーランド侵攻作戦の際に最初の撃墜を記録して以来、これまでに20機を撃墜（10月13日には3機を撃墜した）しており、それに対してこの名誉が与えられたのである。

この時期までには、イングランド南部での昼間の航空戦闘の結果はすでに誰の目にも明らかになっていた。ドイツ空軍の爆撃機隊は夜の闇に隠れた作戦行動への傾きを増して行った。怒り立ったゲーリングは面目失墜するのを恐れ——そして、何らかのかたちで昼間の攻勢作戦継続を実際に示すことが必要だと考えたので——、海峡沿岸に配備された戦闘機の三分の一を改造し、爆弾を搭載できるようにすることを命じたのである。その命令によって、この地区の戦闘飛行隊は3個中隊のうちのひとつをヤーボ（戦闘爆撃機）任務専門とし、他の2個中隊をその護衛に当てる体制を取ることになった。

この体制になって間もなく、JG54はパイロット2名を失った。10月25日、4./JG54のヤーボは大ロンドン圏に少なくとも2回、別々の攻撃をかけた。攻撃の戦果は不詳だが、護衛に当たった第5中隊の2機が帰還しなかった。ヨアヒム・シペク中尉とエルンスト・ヴァーグナー少尉は、いずれもケント州に不

英国本土航空戦が終るより大分前に、I./JG54はフランスを離れ、北海沿岸地域防空の任務にもどった。個々の中隊や小隊の単位に分かれて、オランダとドイツ北部の飛行場に配備されたのである。画面右上、遠くの方に2本煙突の大洋航路用大型客船のシルエットが見えており、この雪が拡がった海岸の飛行場は商業港、ブレマーハーフェンに近いヴェザーミュンデであることを示している。1940〜41年の冬の情景。

時着した。

その2日後、10月の最後の損害が発生した。これはⅢ./JG54の英国本土航空戦での最後の損失だった。朝のうちのケント州へのフライ・ヤークト出撃の際、第7中隊のアルノ・ツィンマーマン伍長のエーミールは英軍の戦闘機の攻撃を受けた。乗機のエンジンに大きな損傷を受けたため、彼はダンジュネスの近くの海岸に胴体着陸した。その頃、海峡の東側では第Ⅲ飛行隊は部隊の移動の作業に忙しかった。グイン－シュドを離れ、オランダのスキポール、カトウェイク、デ・コーイ、ハステーデの4カ所の飛行場へもどったのである。

JG54は2個飛行隊が北海沿岸防空の任務に当てられたので（Ⅰ./JG54はドイツ北部に配備されて第XI地区空軍司令部の指揮下に置かれ、Ⅲ./JG54はオランダ地区空軍司令部の指揮下に置かれた）、トラウトロフトの航空団本部とフラバク大尉の第Ⅱ飛行隊だけがカンパーニュに残って、海峡越えの攻勢作戦を続けることになった。

しかし、英国の側は本土航空戦はすでに自軍の勝利で終わったと判断していた。そして、冬が迫ってきたため、ドイツ空軍の昼間作戦行動は急速に減少した。イングランドの内陸に深く侵入する作戦はなくなり、11月中のⅡ./JG54の5名の損失はすべて海上で行方不明になった者である。

4./JG54のオットー・グロテ少尉は11月2日、ケントの沿岸沖で墜落した。それから2週間近く後、11月15日には同じ中隊のカール・ヒアー軍曹（彼は1939年11月に戦闘の後、フランス領に不時着して捕虜になり、乗機は無傷のまま鹵獲されたが、フランス作戦終結後に解放された）が、シューバリーの沖合の海に姿を消した。11月17日には、5./JG54のヴィルヘルム・ドニンガー曹長と中隊長、ロロフ・フォン＝アスペルン中尉がテムズ河河口上空で行方不明になった。

最後のパイロット損失はフラバクの飛行隊本部小隊のジーモン・ヘルムベルガー上等飛行兵だった。11月23日の出撃から帰還しなかった。それから1週間のうちに、Ⅱ./JG54もパ・ド・カレーからの撤退を命じられ、12月3日にブレーメンに近いデルメンホルストに引き揚げた。その翌日、第Ⅲ飛行隊は6週間のオランダ配備を終り、本国へ引き揚げた。落ち着き先はドルトムントの冬

1941年の初め、第Ⅱ飛行隊は3色を使った独特の'滅茶苦茶な敷石並べ'（クレイジー・ペイヴィング）のパターンのカモフラージュを、エーミールに塗装し始めた。この新しい塗装になった第6中隊の2機の例をお目にかけよう。この写真の「黄色の11」は空軍のポンプ車から給油を受けている……

……そして、この「黄色の10」、E－4/B（胴体下面に爆弾架が見える）は、塗装は新しくなったものの、それで昔からの弱点——Bf109のひょろ長い脚柱とその取付部の本来的な脆さ——を隠すことはできなかった。

期待機基地だった。

　JG54の英国本土航空戦参加は他の多くの戦闘航空団ほど長くはなかった——パ・ド・カレー配備は8月に入ってからであり、2個飛行隊は早い時期に別の地域での防空任務につくために移動した——が、それでも海峡越えの攻勢作戦での損害は大きかった。

　8月12日から12月1日までに戦死、行方不明、捕虜になったパイロットは43名に達した。損害率は40パーセントに近く、1個飛行隊の配員数を越えている。もちろん、個々の飛行隊や中隊の中で特に損害が高いものもあった。第3中隊長、ハンス・シュモーラー‐ハルディー中尉が9月27日にカンパーニュからドイツ北部に向かって出発した時、彼の'中隊'は彼自身と列機のアードルフ・キンツィンガー少尉だけだったといわれている！

　このように大きな損失があったが、パイロットたちがあげた戦果は損失をはるかに越えていた。いくつかの資料によれば、英国本土航空戦におけるJG54の戦果は撃墜240機に近い。しかし、この作戦期間中の全部の戦闘飛行隊(ヤークトグルッペ)の撃墜戦果の平均が50機から60機の間だったことから考えると、この合計戦果の機数には疑問がある（Ⅲ./JG54の合計戦果は67機とされているのだが）。こうした数字の喰い違いは、帰還後に報告された撃墜数と公式に確認を与えられた撃墜数の差によって生じているのかもしれない。最初に報告した撃墜数のうち、半分しか確認を与えられなかったパイロットもある。

　真の撃墜機数がどれだけであったとしても、JG54が損失以上の戦果をあげたことは確かである。この時期に、この航空団からメルダース、ガランド、エーザウ、ヴィックというような高位エースは現れなかったが、二桁台の戦果をあげたパイロットはいく人かあった。

　前に書いた2名に加えて、JG54で1940年のうちに3人目の騎士十字章受勲者があった。11月4日に第Ⅲ飛行隊長代理、ギュンター・ショルツから飛行隊長職を引き継いだばかりのアルノルト・リグニッツ中尉であり、その翌日に授与が通達され、その時までの撃墜19機は彼がⅢ./JG51で戦っていた時のものだった。

　しかし、中隊長2名を含めて多くのパイロットたちは、3つの飛行隊がJG54に編入される前の半独立的な部隊だった時期から戦い、戦果を重ねていた。たとえば、第7中隊の機敏なハンス‐エッケハルト・ボブ中尉は11月11日に彼の19機目の撃墜を記録した（彼はそれに対して騎士十字章を授与されるまでに、その後4カ月待たされた）。そして、11月18日に行方不明になった第5中隊長、フォン=アスペルン中尉も撃墜18機に達していた。この時期、まだ撃墜2～3機だった多くのパイロットたちは、将来の栄光へ進む階段を登り始めたばかりだったのである。JG54自体も高い戦績と栄光ある地位に立つようになるのは、まだ先のことだった。

　海峡沿岸地区からの引き揚げと1940年の終りまでの間に、3つの飛行隊はいずれも損耗した人員と機材を補充した。人員の補充には、10月にカトウェイクで編成された補充人員訓練中隊(エルゲンツンクスシュタッフェル)(Erg.St)が大いに役立った。英国空軍の場合、飛行学校の課程を修了した訓練乗員は作戦訓練飛行隊(オペレーショナル・トレーニング・ユニット)(OTU)にプールされ、前線部隊で補充が必要になった時にそこから配員されるシステムだった。それとは対照的に、ドイツ空軍の航空団(ゲシュヴァーダー)は独自の補充人員訓練中隊を編制に加えており、この'自家用'(インハウス)のOTUで訓練生から仕上げられた乗員を指揮下の中隊に配員していた。

補充乗員の必要数が増大して来ると、補充人員訓練中隊は早い時期に補充人員訓練飛行隊(Erg.Gr)に拡大された。たとえばErg.St/JG54は1941年2月にErg.Gr/JG54に格上げされたのである。その後、航空団ごとの訓練飛行隊は統合されて独立した補充人員訓練航空団となった。戦闘機隊全体の補充人員を供給するEJGは、英国空軍のOTUと同じ性格の組織になったのである。

　1940～41年の冬の数カ月の間に、本国に帰ってきたJG54のパイロットたちは是非とも必要な休養の時間を取ることができた。彼らは団体でリゾート地に滞在してスキーを楽しんだ。行先はオーストリアのキッツビューエルであり、Ⅱ./JG54のメンバーは'故郷同様'に感じただろうが、それ以外の人々、さらに東プロイセンの湖沼低地帯出身の人々にとってはまったく新しい経験だったに違いない。

　このようにのんびりできる時間は長くは続かなかった。1941年1月15日、ハンネス・トラウトロフトの航空団本部は第Ⅱ、第Ⅲ飛行隊とともに、フランスへもどるように命じられた。彼らはその後2カ月にわたり、ノルマンディの防空兵力増強のためにル・マンに基地を置き、シェルブール周辺に分遣隊を配置した。この配備期間の任務はひどく苦しいものではなく、それはその間の損失が2機のみ——いずれも敵機との交戦によるものではない——であることに現われている。

　2月14日、9./JG54のカール・アルブレヒト伍長が、自軍地域内の飛行中にベルギーで墜落した。それから1カ月近く後、3月12日に第4中隊のE-4/B 1機が通常の哨戒飛行から帰還しなかった。この機に乗っていたシモン・ヘルムバーガーは、前年の11月末、第Ⅱ飛行隊がパ・ド・カレー基地から撤収する少し前に行方不明になったパイロットと同一人物である。その時は海峡から救出され、本国に帰還していた所属部隊にもどってきたのだが、二度目にはその幸運は続いていなかった。

　JG54の本部と2個飛行隊の短期間のノルマンディ配備は3月29日で終った。彼らはふたたびフランスの基地を離れ、ヨーロッパの南東部に向かって移動して行った。

chapter 3

バルカン半島での幕間
balkan interlude

　イングランド南部沿岸に対する上陸作戦計画を長期的に棚上げすることに決めた後、ヒットラーの視線は東方の本来的な敵に向けられた。その敵、ソ連に対する攻撃の準備――侵攻作戦開始は1941年5月と計画されていた――はほぼ完了に近づいていたが、その時になって総統はバルカン諸国に目を向けなければならなくなった。

　前年の10月に十分な思慮に欠けたムッソリーニが開始したギリシャ侵攻作戦は、見る間に困難な状況に陥った。1941年の春にはヒットラーの枢軸側の盟友はアルバニアに押し返され、そこでも苦戦に直面した。それに加えて、アルバニアの北隣りのユーゴスラヴィアでは、同じ枢軸国陣営に引き込まれるのに反対する声が市民の間で高まり、親ドイツに傾いた指導者に対するクーデターが成功した。

　ソ連侵攻作戦を開始する前に、その戦線の背後に当たるこの地域の不安定な状態を解決して置く必要があることは、ヒットラーにとって明白だった。そのためには先ず、ユーゴスラヴィアとギリシャを制圧せねばならず、しかも、それを短期間で完了せねばならなかった。欧州東部では秋の末には地面が泥濘になって地上部隊の行動がほとんど不可能になるので、ソ連征服の作戦期間期間は5カ月以内とせねばならないとヒットラーは判断していた。このスケジュールに合わせるためには、バルカン半島作戦は文字通りの'電撃戦'でなければならなかったのである。

　JG54の本部と第Ⅰ、第Ⅱ両飛行隊のBf109E 77機がオーストリアに到着したが、ユーゴスラヴィアの北側と東側の国境沿いに第4航空艦隊が集結させた大きな航空兵力全体の中では、JG54は小さな兵力に過ぎなかった。

ルーマニアのアラドに到着した8./JG54の隊員と機材。ここに写っているパイロットのうちの2人は、その後に騎士十字章受勲者となった。ハインツ・ランゲ（サングラスを掛け、右を向いている）はJG51に転属した後、1944年11月に受勲した。ハンス-ヨアヒム・ハイヤー（その右、2人目。左に顔を向けている）は、1942年11月にレニングラード附近の格闘戦で戦死し、死後に授与された。

ドイツ軍は北部と東部で国境を越え、この反抗的なバルカンの国に2方向から進攻して行った。
　JG54本部とフラバク大尉の第Ⅱ飛行隊の第5中隊と第6中隊は、グラーツ-タレルホフを基地として、ザグレブに向かって南下前進する第2軍に対する支援の任務についた。一方、第4中隊はリグニッツ大尉のⅢ./JG54を補強するために、オーストリアのパレンドルフから途中の数地点を経由してルーマニアのアラドで第Ⅲ飛行隊に合流した。彼らの任務は、ユーゴスラヴィアの首都、ベオグラードを目指す挟撃作戦の左翼部隊の支援に当たることだった。
　'マリタ'作戦は1941年4月6日、0520時に開始された。それ以前のすべての電撃戦の場合と同様に、敵の航空部隊を目標とし、十分に計画されていた航空攻撃によって作戦が開始された。しかし、対ユーゴスラヴィア戦では、ヒットラーがもうひとつ別の攻撃目標を追加した。彼は、ユーゴスラヴィアの市民の決起によって自分のタイムテーブルの進行が遅らされたことに腹を立て、ベオグラードに懲罰的な大規模爆撃を加えるように彼自身で指示したのである。しかし、全般的に見て、ドイツ空軍の攻撃に対する抵抗は、ポーランド、ベルギー、オランダの例と同様に、英雄的な戦いではあったが規模は限られ、長くは続かなかった。
　開戦初日のベオグラード空襲で、第Ⅲ飛行隊はユーゴスラヴィア空軍のBf109E-3 3機を撃墜した。9./JG54中隊長、ハンス-エッケハルト・ボブ中尉（前月にル・マンで授与された騎士十字章を襟元につけていた）はそのうちの1機を撃墜し、合計戦果を20機に延ばした。2機目はマックス-ヘルムート・オスターマン（彼の9機目の戦果）であり、3機目には将来の'腕達者'（エクスペルテ）、ゲーアハルト・コアル少尉の最初の撃墜戦果だった。
　ユーゴスラヴィアの爆撃機隊は果敢に反撃に出て、ブレニム2機がⅢ./JG54の基地、アラドに攻撃をかけたが、いずれも撃墜された。
　その内の1機は飛行隊長、リグニッツ大尉のJG54での初戦果だった。アラドで第Ⅲ飛行隊の1機が大きな損傷を受けたが、マリタ作戦初日のJG54の損失は本部の1機のみである。損失の地点がオーストリア国境の南35kmであること以外、状況は不明である。
　その翌日、臨時配属されていたフィリップ中尉の第4中隊がシュトゥーカの護衛に出撃して、敵のBf109 4機撃墜を報告した。フィリップは2機撃墜によってスコアを25機に延ばした。残りの2機のうちの1機はマックス・シュトッツ曹長の16機めの戦果だった。
　4月7日には北部の戦線のⅡ./JG54も初戦果をあげた。ハンガリー内のドイツ空軍の飛行場を爆撃するために進入してきたユーゴスラヴィアのブレニムを5./JG54が迎撃して6機を撃墜したのである。フーベルト・'フッブス'・ミューターリヒ中尉は2機を撃墜した。その前日のリグニッツのブレニム撃墜と同様、これは彼がJG54に移動してきて以来、初めての戦果だった。11月にフォン＝アスペリンが行方不明になった後、後任の第5中隊長として転任してきた人であり、これ以前にJG77で8機撃墜の戦績をあげていた。
　6機のうちの2機は、後の騎士十字章柏葉飾り受勲者、ヴォルフガング・シュペーテ少尉と、ヨーゼフ・ペース少尉が撃墜した。後に騎士十字章を授与された'ヨッシ'・ペースは、第4中隊のマックス・シュトッツと同じく元オーストリア空軍出身であり、I./JG76とその前身の部隊の最初からの隊員だった。この日のブレニムは彼の8機目の戦果となった。

バルカンへの移動は大至急で実施されたので、給油ポンプ車のようなちょっとした贅沢品は元の基地に残された。手前の4名の整備員はシュタインドル少尉の乗機にドラム罐から手作業で給油しており、その後方でハンス・フィリップとディートリヒ・フラバク(画面の右からひとり目と2人目)は、それを面白そうに眺めている。Bf109の後方にはJu87が見え、そのさらに後方にはユーゴスラヴィアの複葉機の燃え残りの骨組みが見える。

　資料で確かめることができた限りでは、バルカン作戦での第6中隊の唯一の戦果は4月7日の1機のみである。しかし、この日のユーゴスラヴィアのハリケーン1機撃墜には注目すべき点があった。その戦果をあげたハンス・バイスヴェンガー少尉は、その後に100機以上の戦果を重ねて騎士十字章柏葉飾りを授与された。これはそのスタートになる1機目の戦果だった。

　第Ⅲ飛行隊も3機撃墜を報告した。エルヴィーン・ライカウフ少尉のハリケーン1機(彼の6機目の戦果)と、ボブ中尉とコアル中尉が各1機撃墜したイカルスIK-2(ユーゴスラヴィア国産の高翼単葉固定脚戦闘機)である。しかし、ユーゴスラヴィア空軍の抵抗は開戦後72時間のうちに事実上制圧された。このため、JG54の戦闘機の任務はほぼ全面的に地上攻撃に移り、ユーゴスラヴィアの地上部隊の移動を抑えるために、主に機関車を破壊する攻撃に当たった。

　4月10日には北部から進攻した部隊がザグレブに入り、クロアチア人がここを首都とした独立国家発足を宣言した。その48時間後、ドイツ軍の先頭部隊がベオグラードに入城した。地上部隊の支援に当たる戦闘機の部隊は西部戦線での作戦の際と同様に、蛙跳びのように戦線の移動を追って前進した。フラバク大尉指揮下の2個中隊は、グラーツからハンガリー南東部のペーチュに移動した。Ⅲ./JG54は最初、アラドからもっとユーゴスラヴィア国境に近いデタに移動し、次に国境を越えたパンチェボ——ベオグラードの北東24km——に前進した。そして最後に、4月16日、ユーゴスラヴィアの首都の西のビエリーナに移動したのだが、この時、危機一髪の事態が発生した。

ユーゴスラヴィア作戦終了後にベルグラード-ツェムン飛行場に終結したⅡ./JG54のエーミール。JG77に引き渡す準備は整っている。

　Ju52 4機に分乗して到着した先遣隊が突然、激しい砲撃を浴びたのである。第二次大戦が始まって以来初めて(この後には何度もあったことだが)、この航空団の'黒ん坊'たち——シュヴァルツマン 整備員などの地上要員は黒のカバーオールを着ていたので、この通称で呼ばれた——が武器を取り、自分たち自身と飛行場を敵の攻撃から守

るために戦った。部隊の戦闘機も地上掃射によって支援に当たり、最終的にビエリーナを守り抜くことができたが、地上要員に数名の戦死者と負傷者があり、Bf109 1機が胴体着陸して廃棄処分された。

その翌日、ユーゴスラヴィア軍は無条件降服した。皮肉なことに、この日にJG54のバルカン作戦の戦闘での唯一のパイロット損失が発生した。リグニッツの飛行隊本部のハインベッケル少尉がパンチェヴォの近くで墜落したのである。

JG54の第II、第III両飛行隊はバルカン作戦での任務を終り、ベオグラードのツェムン軍民共用飛行場に集結するように命じられた。そこで彼らが受けた指示は、彼らのエーミールをJG77──すでに南方で進行中のギリシャ作戦で戦い続けることになっていた──に引き渡すことだった。5月3日、JG54の隊員は連絡輸送と列車を乗り継いで、ポンメルンのストルプ−ライツに向かった。そこでは新品のBf109Fが彼らを待っていた。

それまでの8カ月間、II./JG54とIII./JG54はパ・ド・カレーから本国、ふたたびフランス、そこからオーストリアとバルカン諸国へと、長い距離を転々と移動して戦ってきたが、その間、フォン＝ボニン大尉のI./JG54は配備地の移動はなく、臨時にJG1の指揮下に置かれて北海沿岸ベルト地帯防空の任務についていた。

敵機との交戦の面では困難な任務ではなかった。それより遥かにおそろしい敵はヘルゴラント湾上空の変化の激しい天候であり、冬の半ばの時期はおそろしかった。それとともに危険だったのは主基地から離れた飛行場の状態だった。小隊単位の兵力が分遣配備されるその種の飛行場の多くはサイズが小さく、緊急着陸や着陸事故などが何度も発生した。この配備期間中に、I./JG54の1ダース以上ものBf109Eが損傷し、2機が全損機として廃棄された。人的な面ではパイロット4名が負傷したが、死者は1名のみ──1941年3月31日、第2中隊のパウル・ポンツェト軍曹のエーミールがヴェザーミュンデ附近で墜落し、彼は死亡した──に留まった。

撃墜戦果の数は少なく、間隔は広く離れていた。最も撃墜数が高かったのは第3中隊のアードルフ・キンツィンガー中尉であるようだ。1940年10月にスピットファイア2機を撃墜し、1月12日にテセル島上空で3機目──高高度を飛んでいたスピットファイア写真偵察機だったといわれる──を撃墜した。第I飛行隊は4月に少なくとも3機のブレニム撃墜の確認を与えられている。

4月11日に第1中隊のコンラート・シェンヴァイスが撃墜したブレニムが、その

第II飛行隊はストルプ−ライツ飛行場に到着すると新品のフリードリヒを受領し、ただちに、それまでのエーミールと同じ、'クレイジー・ペイヴィング'のカモフラージュを塗装した。

日の船舶索敵攻撃行動で失われた第18飛行隊の所属機であることはほぼ確かである。3./JG54のオットー・ファンツェント少尉がテセル島北方の海上で撃墜したブレニムは、第110飛行隊の機であると思われるが、第1中隊長ゲーアハルト・ケッダーリッチュ中尉が撃墜した1機については、識別の上で疑問がある。

1941年5月半ばには、第II、第III両飛行隊はバルト海沿岸に近いシュトルプ-ライツで、彼らの新しい装備であるフリードリヒ［F型の愛称］の慣熟訓練飛行を重ねていた。その頃、第I飛行隊もイェーファーでBf109Fへの転換に取りかかっていたが、そこで事故率が一段と高くなった。その過程の4週間のうちにこの飛行隊の新品の5機が損傷し、4機が大破して廃棄された。人的な損害としては、5月15日のゲーアハルト・ケッダーリッチェに始まり、パイロット4名が負傷した。

彼以外の負傷者3名は第2中隊の下士官だったが、そのうちのひとりは5月31日にイェーファーの北のシュピーケローグ島に不時着したオットー・キッテル伍長だった。彼は大戦終結の2カ月あまり前に戦死するまでJG54で最高の戦果を重ねることになるのだが、この小柄で無口な性格のキッテルがそのような大エースになることなど、誰もこの時期には想像していなかった。

その上に、第I飛行隊では新型機、フリードリヒの転換訓練で2名の死者もあった。ハリー・クラウゼ伍長が6月4日にイェーファーでの事故で殉職し、その4日後にアルノ・ゲフケ士官候補生がランゲオーグ島上空で他のBf109Fと空中接触事故を起して死亡した。

それとは対照的に、第II、第III両飛行隊はあまり事故はなく機種改変を終った。5月17日に第7中隊のマックス・クレリコ少尉がシュトルプ-ライツでの事故で負傷し、6月17日に第9中隊のリーブゴットー等飛行兵がシュトルプ-ミュンデ沖合の海上に墜落して死亡し、これがJG54のF型への転換の最後の事故となった。

それから72時間の後、JG54の3つの飛行隊はひとつの地区に集結した。全部隊の集結はこの航空団編成以来、これまででまだ二度目に過ぎなかった。その場所は東プロイセンの東の外れ、以前のバルト海沿岸3国のひとつであるリトアニア（1940年にソ連に併合された）との国境に近いグンビンネンの周辺の一連の前線発着場だった。

JG54は、短いが波乱の多い部隊史の中で最も戦果の高い時期に進もうとしていた。'バルバロッサ' 作戦——ソ連侵攻作戦——は、当時、まったく考えられなかったほどの大きな戦果をJG54にもたらした。個々のパイロットの戦果はすぐに一桁の数字を越え、何ダースという単位に移り、その後100機以上のレベルに進む者も現れた。JG54の上位の '腕達者エクスペルテ' たちは国民的な英雄になり、新聞や毎週のニュース映画に登場した。そして、ソ連侵攻作戦は 'グリュンヘルツ' 戦闘航空団に最大の戦果をもたらしたが、やがて彼らにとって最終的にはネメシス——ギリシャ神話の中で、人間の愚かな思い上がりに怒り、罰を加える女神——であることが明らかになった。

chapter 4
ロシア戦線　1941-43年
russia 1941-43

　1941年6月22日、0300時をわずかに過ぎた頃、ドイツとその同盟国の東部国境のいくつもの地区でドイツ軍の激しい砲撃が開始された。これが'バルバロッサ'作戦、戦争史上で最大の地上侵攻作戦の開始を示す狼煙だった。兵力300万名以上のドイツ軍部隊が国境を越えて、ソ連領内への進入を開始した。

　全長1600kmに達する戦線は3本の主要な進撃軸線を中心にして、3つの地区に分割されていた。南方では南方軍集団(ヘーレスグルッペ・ジュト)がウクライナを突破して黒海沿岸とその先まで進撃する計画だった。中部では中央軍集団(ヘーレスグルッペ・ミッテ)がモスクワを目指してベラルーシを横断することとされていた。北方の北方軍集団(ヘーレスグルッペ・ノルト)の任務はソ連に占領されたバルト海3国、リトアニア、ラトヴィア、エストニアを通って、レニングラードに進撃することだった。

　ハンネス・トラウトロフト少佐の指揮下にある可動状態のBf109 105機（JG54の兵力はこの外に、JG53指揮下へ臨時配属された2個中隊、33機があった）は、第1航空艦隊(ルフトフロッテ)の中の唯一の戦闘機兵力であり、第1航艦の任務はレニングラードを目指す北部戦線での進撃に対する航空支援だった。

　それ以前の電撃戦作戦と同様に——規模はそれらより一段と大きかったが——、バルバロッサ作戦は敵の航空戦力を目標とした航空攻撃によって開始された。この航空攻撃は驚異的な大成功を収めた（初めのうちは空軍最高司令部でさえも、破壊したソ連機の数について、前線部隊からの報告を信じようとはしなかった）。最初の24時間のうちにソ連空軍が被った損失は1800機以上——ドイツ空軍の戦闘機と対空砲火によって撃墜されたもの300機以上、地上で破壊されたものほぼ1500機！——と概算された。

戦争の歴史の上で最大の地上進攻作戦、'バルバロッサ'作戦発動を前に、II./JG54のBf109F-2が最終点検を受けている。

地上撃破の大半は中部と南部の戦線での戦果だった。それらの地域のソ連空軍の前線飛行場では100機前後もの実戦機が'観閲式のように密集した隊列'で並んでいて、ドイツ空軍はそれに強烈な低空爆撃と掃射攻撃を浴びせた。北部戦線でのJG54の開戦直後の主な作戦行動は、第1航艦の下にあるJu88装備の3個爆撃飛行隊(カンプフグルッペ)の護衛であり、リトアニア国境から100kmほど内側のソ連空軍基地数カ所への攻撃に向かった。そして、北部戦線でも戦果があった。

　侵攻作戦の1日目に、1./JG54中隊長、アードルフ・モンツィンガー中尉は、これまでの欧州西部での戦果の上にソ連機4機撃墜を加えた(その5日後、キンツィンガーはリトアニア沿岸の上空で戦死した)。同じく6月22日に、第I飛行隊のラインハルト・ザイラー大尉とギュンター・ラウゴ少尉が各々2機を撃墜し──いずれもツポレフSB-2爆撃機であり、ラウブの2機撃墜の間隔は60秒に過ぎなかった──、後に騎士十字章を授与されることになるフリッツ・テクトマイアー伍長が初戦果を記録した。

　戦運に恵まれた日ばかりではなく、6月23日にはJG54の最初のパイロット損失があった。それも死亡者3名であり、そのうちの2名は空中接触事故によるものだった。それに加えて行方不明1名も発生した。この4人目は他ならぬ第9中隊長、ハンス-エッケハルト・ボブ中尉だったが、幸いなことに無事に元気な状態で部隊に帰ってきた。

　ソ連空軍は膨大な損失を被ったが、すばやく反撃してきた。しかし、彼らの爆撃機部隊は混乱に陥ったままであり、わずかな機数の編隊で点々と出撃し、その度に損耗を重ねた。ハンネス・トラウトロフトはその時期の日記に次のように書いている。

「敵の航空部隊の行動はねばり強いが、協同的ではない。しかし、それでも戦い続け、時には我軍の先頭部隊にかなりな打撃を与える」

　6月29日は、そのような攻撃が続いた日だった。何波ものソ連の爆撃機がドヴィナ河のいくつかの橋梁に対する攻撃に投入された。第4機甲集団(パンツァーグルッペ)の戦車がラトヴィア北東部に進撃するのを阻止しようと努めたのである。一日中続いた敵の爆撃機の攻撃は一波が飛行中隊(スコードロン)以上の兵力になることはほとんどなく、いつも決まり切ったコースを硬直的に守り、戦闘機の護衛がついていることは滅多になかったので、'グリュンヘルツ'はロシア作戦で初めて大きな

バルバロッサ作戦開始の日、1941年6月22日に撃墜戦果をあげたパイロットのひとりは、第I飛行隊のラインハルト・ザイラー大尉だった。彼の新しい乗機、フリードリヒのコクピットのすぐ下に描かれている'トップ・ハット'は、スペイン内戦の際に彼がコンドル部隊の3.J/88で戦った時の名残である。

[バルト海3国とロシア北部戦線]

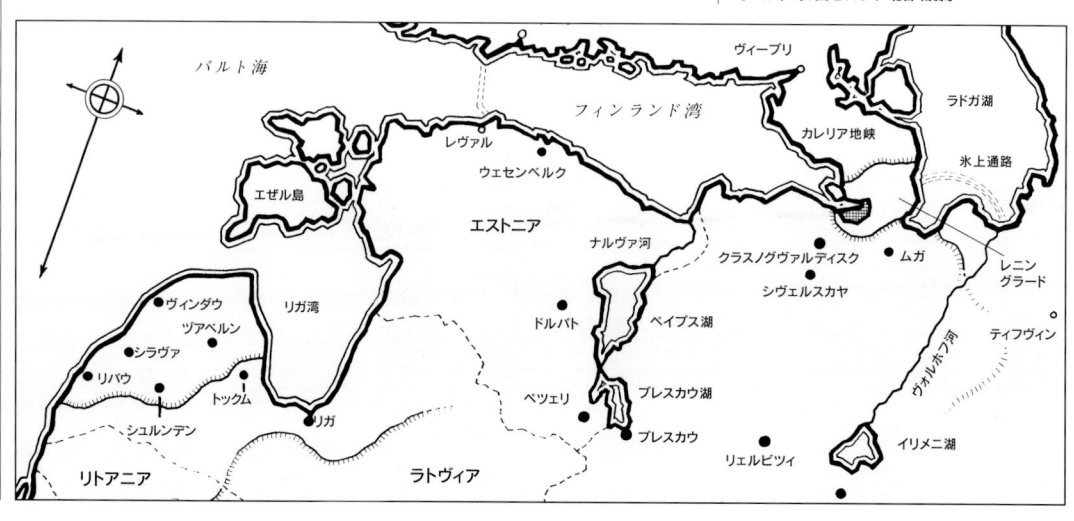

この写真には、レニングラードを目指す急進撃の時期の空軍部隊と地上部隊の密接な協同関係が表われている。ハンネス・トラウトロフト少佐（画面左側）が第16軍司令、ブッシュ上級大将（中央）と第1航空軍団司令官、フェルスター空軍大将、2人の上級指揮官と協議している。

戦果をあげることができた。

　夜になるまでに――きわめて重要なデュナブルク［Dunaburg：ドイツ名。ラトヴィア名はDaugavpils］の橋梁はまだ無事だった――第I飛行隊はソ連の爆撃機65機を撃墜し、損失はまったくなかった。戦果の中には、トラウトロフトが午後半ばの迎撃で撃墜した2機のイリューシンDB-3も含まれている。

　ここで電撃戦のいつものパターンが始まり、JG54の戦闘機は地上部隊の前進にペースを合わせて、蛙跳びのような前方への移動を開始した。6月30日、第II、第III両飛行隊は東プロイセンの前進基地、トラケンネンとブルメンフェルトからリトアニアのコヴノ［Kowno：ドイツ名。リトアニア名はKaunas］に移動した。その24時間後、I./JG54は彼らを跳び越えて前に進んだ。ラウテンベルク／リンデンタールを離れてラトヴィアの2カ所の基地――ラトヴィアの首都であるリガの南西40kmのミタウ［Mitau：ドイツ名。ラトヴィア名はJelgava］と、ドヴィナ河西岸のヤーコプシュタット［Jacobstadt：ドイツ名。ラトヴィア名はJekabpils］に近いビルツイ［Birzi：ドイツ名。ラトヴィア名はBirzu］――に移動した。この日、フォン＝ボニン大尉は第I飛行隊長の職をエーリヒ・フォン＝ゼレ大尉に引き継いで転出した。

常に並んで戦っている2人組、ハンス・フィリップ中尉とディートリヒ・フバラク大尉が、出撃の合間のわずかな時間に飲物を飲み、食物をほおばっている。レニングラードに向かう急進撃の時期の情景である。

　7月4日から7日までの間に、JG54は部隊全体のスコアボードにソ連機109機撃墜を新たに加えた。その間の任務は、ラトヴィアからソ連本体に向かって前進を続ける地上部隊に対する支援だった。この4日間のJG54の人的損害は死者2名（そのうちの1名は軽連絡機の事故による）と負傷1名である。

　7月の第1週の末までにリトアニアとラトヴィアは全面的にドイツ軍の手に落ちた。それに続く数日のうちに、'グリュンヘルツ'の戦闘機は初めてソ連領内に着陸した。チュド湖とプスコフ湖の南の前線発着場に

前進したのである。
　7月11日には第I飛行隊が最初にサルディニエに移動した。この小さな、むき出しの地面の原始的な発着場は、2カ月近くもこの飛行隊の基地となった。パイロットたちも地上要員たちも、皆同様にテントの下で暮すことになったが、これは夏の厳しい暑熱と、乾き切った裸の地面から飛行機の離陸のたびに吹き上げられる土砂の埃を防ぐためには、まったく役に立たなかった。数週間のうちにサルディニエの発着場はJG54全体を配備するために拡張され（ひどい条件はそのままだったが）、他の2つの飛行隊が近くのオストロフとサムラ湖の周辺の、同様にひどい状態の発着場から移動してきた。

　7月11日の早朝には、このような場面があった。第Ⅲ飛行隊のヴァルデマー・ヴュプケ少尉は、テントのすぐ先で始まった彼の乗機のエンジン試運転の爆音で目が覚めた。寝ぼけ眼の彼は、裾長Tシャツの寝間着と寝室用スリッパのまま、洗面とひげ剃りのためにテントの外に出た。顔中シャボンの泡だらけになっていた彼は突然、あたりの騒音に変化があったことに気づいた。Bf109のエンジンはスロットルを絞られ、その替りに対空射撃の発射音と低高度で基地上空に進入してくるソ連の爆撃機2機の爆音が高まっていた。'ハイン'・ヴュプケは「エンジン廻せ」と叫びながら、スリッパ履きの足でできる限り速く、ばたばた走って乗機に向かった。彼は離陸し、逃げれて行く敵機の後を追った。そして、敵機が自軍の戦線に入る直前に追いつき、うまく1機を撃墜した。

　彼が基地に着陸すると皆は歓声をあげて彼を迎えたが、コクピットから立ち上がった彼の姿を見ると、大笑いの渦が拡がった。彼の裾長Tシャツは首までまくれ上がっていたのである。彼は笑いで歓迎してくれた仲間たちに向かっていった——「こんな朝早い飛行では、長Tシャツだけでは寒くてかなわない。これからはちゃんとパジャマを着るよ！」

　バルバロッサ作戦開始から3週間をわずかに越えた7月14日、種々の兵器を装備した強力な戦闘グループ、第4機甲集団はチュド湖の北東150kmの地区でルガ河を渡った。この河はレニングラードの西方の最後の自然の障壁であり、北方軍集団の先頭部隊からこの目標までの距離は100kmあまりに過ぎなかった。

　その4日後、JG54は500機目のソ連機撃墜を記録し、これで第二次大戦での合計戦果は800機以上になった。しかし、7月18日にはギュンター・ラウプ少尉が戦死した。彼は6月22日の0600時にSB-2 2機を撃墜し、ロシア戦線でのJG54の最初の戦果をあげたパイロットのひとりだった。

　JG54は地上部隊の主進撃兵力——リトアニアとラトヴィア北東に向かって横断し、プスコフ湖の南端で北北東に針路を変え、レニングラードを目指す第16軍——に対する支援に当たっていたのだが、第18軍に対する支援を担当していた別の1個中隊があった。第18軍はもっと遠廻りな進撃コースを取り、バルト海沿いにラトヴィアを突破し、チュド湖とバルト海の間の長さ50kmほどのエストニア-ソヴィエト国境を越える計画だった。

　第2章の末尾に書かれているように、この航空団の補充人員訓練中隊（エルゲンツュンクスシュタッフェル）（1940年10月にオランダのカトウェイクで運用開始された）は、1941年2月に補充人員訓練飛行隊（エルゲンツュンクスグルッペ）に拡大されていた。この飛行隊はフランスのビスケー湾沿岸のカゾーに基地を置き、エッガース中尉の指揮下にあり、第1中隊（アインザッツ）（作戦行動）と第2中隊（アウスブリンドゥンク）（教育）によって構成されていた。

JG54がバルバロッサ作戦開始以来500機目の戦果をあげ、ハンネス・トラウトロフト司令がそれを祝っている。JG54の'グリュンヘルツ'の中に隊内の3つの飛行隊のマークが描かれ、初めて披露された。

この呼称が示す通り、2つの中隊には別の機能があった。戦闘機パイロット学校から部隊に配属された者はまず、第2中隊で教育訓練を受け、そのコースを修了した者が第1中隊での作戦行動訓練に進み、その後に前線の飛行隊に配属される機構になっていた。

バルバロッサ作戦開始の数週間前、70名以上の訓練生パイロットがフランスから東プロイセンのノイクーレンへ移送された。ギュンター・フィンク中尉指揮の第1（作戦行動 —— Eins）中隊に配属された訓練度の高いパイロットたちは、開戦とともに直接に実戦経験を身につけることになった。彼らはバルト海3国の海岸沿いに進撃する第18軍の後を追って行動した。基地の移動はラトヴィアのクーアランド半島のバルト海側のヴィンダウ [Windau：ドイツ名。ラトヴィア名はVentspils])、ラトヴィアの首都であるリガ、エストニアのリガ湾岸のペルナウ [Pernau：ドイツ名。エストニア名はPärnu]、エストニアの西側沖、リガ湾の入り口を守る位置のエゼル [Ösel：ドイツ名。エストニア名はSaaremaa] 島と続いた。

しかし、これらの地点が並ぶバルト海沿岸の'穏やかなスロープ'地帯はまったく危険のない地域ではなく、ギュンター・フィンクの中隊にはパイロットの人的損害が発生した。1.(Eins)/JG54がソ連本体の領域に入るまでに、少なくとも4名が戦死した。そして、ひとりのオーストリア人の少尉、20才のヴァルター・ノヴォトニーがその4名と同じ運命をたどるのを危く免れた。

7月19日はノヴォトニーの24回目の出撃であり、2機編隊の長機としてエゼル島上空でのフライ・ヤークトの任務についた。この島のアレンスブルク [Arensburg：ドイツ名。エストニア名はKuressaare、エゼル島の主要都市] にあるソ連空軍の主要飛行場の上空を旋回し、ソ連の戦闘機10機が迎撃のために上昇してくるのを見守っていた。ノヴォトニーは後に次のように書いている——「厳しい格闘戦の末、私はカーチス（彼の原文のママ）I-153 2機を撃墜し、これが私の最初の戦果になった」。

戦いに興奮したノヴォトニーは列機と離れてしまった。しかし、燃料の残量が怪しくなり、エゼル島の上空に留まっていられなくなった。彼は無線電話で現在地を報告し、リガ湾の海上に向かった。島から海峡越えで本土側の彼らの基地までの距離は80kmだった。

8月6日、サムラ湖の基地でのⅡ./JG54の作戦活動は、短い時間、一時停止した。新たに2人が騎士十字章を授与され、それを祝うためだった。これは記念行事を撮影した一連の写真のうちの1枚である。左から右へ、フーベルト・ミュッターリヒ少尉、フィリップ・フラバク、ヨーゼフ・ペース少尉。中央のフリードリヒの方向舵はペースの乗機のものと思われる。

すぐに彼は、機首を白く塗った機が後方から接近してくるのを発見した。この機が別れ別れになった列機だと信じたノヴォトニーは（彼の中隊のBf109E-7はスピナーを白く塗っていた）、発見した合図のつもりで左右の翼を上下に振った。しかし、この'列機'が接近してくると、その正体が分かりかけてきた。それは複葉機だったのである。列機であるはずはない！ 敵だ！ その機はすぐに、ノヴォトニーの「白の2」に機銃弾を浴びせ始めた。

ノヴォトニーの機のエンジンはこの敵機を始末するまで何とか回り続

けてくれたと、彼は後に書いている（彼のログ・ブックには最初の2機撃墜だけが記入されているのだが）。しかし、彼の乗機のプロペラはすぐに停止し、彼はどこに不時着するべきかすばやく判断せねばならなかった。彼の位置はまだ島の上だったが、彼は地上に胴体着陸するのは避けようと判断した。ソ連軍の捕虜になることはほぼ不可避だったからである。彼が選んだのは、エゼル島の南端の砂洲に近い海面への不時着だったが、そこで始まったのは彼が自殺を考えるほどの苦しみだった。

　彼は小さい救命ボートに乗って3日間も漂流した。イルベン海峡の変化の激しい潮流によって流され続け、ソ連の駆逐艦に衝突されかかったこともあった（幸い、相手はボートに気づかなかった）。そして、何とか最終的にラトヴィアの海岸に流れ着いた。

　しかし、ノヴォトニーは漂流での消耗から立ち直り、7月の末には出撃を再開した。7月31日、エゼル島の北西方でベリエフMBR-2飛行艇 1機を撃墜し、島の南部——彼が1週間前に不時着した地区そのもの——ではイリューシンDB-3爆撃機1機も仕留めて、戦闘機隊のエリート中のエリートへの道を進み始めた。

　一方、7月27日、ハンネス・トラウトロフト少佐は20機撃墜（20機目となるツポレフSB-3を3日前に撃墜した）の戦功に対して騎士十字章を授与された。そして、7月31日、第16軍の先頭部隊がレニングラードの南180kmのイリメニ湖西岸に到達した。

　その24時間後、マックス-ヘルムート・オスターマン少尉がJG54の第二次大戦での1000機目に当たる撃墜を記録した（この名誉ある戦果をあげたのはギュンター・ショルツ中尉であるという説もある）。8月1～2日の夜、マルーオスヴィスキーにある第3中隊の発着場がソ連軍の爆撃を受け、ゲオルク・ルラント中尉が戦死した。ルラントは8月のJG54のパイロット損失7名の最初のひとりとなった。しかし、8月の戦果はこの損失を遥かに越えており、この月のうちに3名の受勲者があった。

　8月6日、5./JG54のパイロット2人に騎士十字章が授与された。中隊長、フーベルト・ミュッターリヒ中尉とヨーゼフ・ペース少尉である。大戦が始まった頃には、騎士十字章受勲の通常の基準は20機撃墜とされていた。しかし、ソしかし、コインには必ず裏側がある。第Ⅱ飛行隊でお祝いがあった8月6日、第2中隊のラインハルト・ハイン中尉はバルト海沿岸の近くで敵の対空砲火に撃墜された。ソ連軍の兵士が彼の「黒の1」を調べている。ハインは、その後8年間、ソ連の捕虜として過ごし、1949年に帰国することができた。

沿岸地帯沿いの急前進には問題が伴っていた。これは占領されたばかりのリガ湾口のエゼル島の飛行場での情景である。左手のBf109F 2機は部隊の補給隊列の先端よりも前方に進出したため、燃料輸送のために派遣されたMe321輸送グライダーから直接に給油を受けている。手前の機には航空団本部技術担当将校の記号がついているが、いずれも1.(Eins)/JG54が使用している'お下がり'機だろう。

連機撃墜戦果が大量だったため、この時期にはすでにこの基準は引き上げられていた。'フップス'・ミュターリヒと'ヨッシ'・ペースの撃墜数にもそれが現れている。受勲の時の個人撃墜数は前者が31機、後者が28機である。

大戦が進むにつれて、この羨望の的であるこの勲章を授与される基準の撃墜数はもっと高くなり、大戦末期のJG54では100機以上の戦果をあげていても、騎士十字章を襟元につけていないパイロットもあった。

それよりも高いレベルの叙勲、柏葉飾りつきや剣飾りの騎士十字章授与の基準も同様に引き上げられた。大戦の初期には柏葉飾り授与の最低限の撃墜数は40機だった。しかし、1./JG54中隊長、ハンス・フィリップ中尉が8月24日に'グリュンヘルツ'航空団で最初の柏葉飾りを授与された時、彼の戦果は62機に達していた。

この時期までに、第18軍はフィンランド湾沿いに東に向かって進撃していた。第16軍は赤軍のルガ河防御線を突破し、レニングラードを目指して北東方向へ進撃していた。そして、ドイツと連合しているフィンランド軍が北方から迫ってきており、ソ連で2番目の大都市、レニングラードは間もなく包囲される状況に立たされていた。

しかし、7月の灼けつくような太陽はすでに過去のものになり、この時期の天候は航空作戦に都合のよい状態ではなくなっていた。ハンネス・トラウトロフトは日記に次のように書いている。

「天候はまったくひどい状態だ。毎日、陽が照っているのは3時間足らずであり、その後は北西の風に乗せられた厚い雲が押し寄せ、激しい驟雨が次々に我々の基地を襲ってくる。敵の爆撃機や戦闘機は毎度のようにその雲や雨の中に逃げ込んでしまう。敵機を撃墜するためには、1機ごとに注意深く考え、悪賢く数段先を読んで攻撃をかけることが必要だ。敵の1機、1機に対して、こちらが激しく操縦し、強烈に攻撃せねばならない」

しかし、そのように難儀な戦いばかりではなかったようだ。それほど深刻で

レニングラード戦線に到着した第Ⅰ飛行隊のパイロットたちは驚いた。巨大で豪壮な建物の一部が、その後の数カ月の彼らの営舎になったのである。それは昔のツァーの夏の宮殿だった建物で、クラルノグヴァルデイスク基地に近かった。同じ建物の中に第1航艦の爆撃機部隊やシュトゥーカ部隊も住み込んでいたが、これほど豪華な宿舎が与えられた例は、航空戦の歴史の中でこの時以外にはあるまい。

それとは対照的に、シヴェルスカヤ基地に配備された第Ⅱ、第Ⅲ両飛行隊の連中は宮殿とはほど遠い質素な宿舎をあてがわれた。しかし、それに代わる良い面もあった。野外での映画の上映や、この写真のように皆で作ったサウナを楽しむこともできた。

はない誰かの手記もある
「私は無線電話の交信を聞いて、空戦の流れを追う機会が多かった。例えば、ある日のルガ河の橋梁の上空の空戦でこのようなことがあった。まず雑音混りのペース少尉の声が聞こえた——彼は陽気なオーストリア弁なので、無線電話で聞いても、それが彼だとすぐに分かる。彼は皆にたずねていた——『一体、ラタ（I-16）どもはどこにいるんだ、教えてくれ！』。東プロイセン風の口調の答えが聞えてきた——『ラタなんぞはおらん。我々の後方は味方の戦闘機ばかりだ！』。その言葉が頭にきた3人目のパイロットが、激しい勢いで割り込んできた——『'味方の戦闘機'だとはありがたいお言葉だ。後方の奴らは僕を狙って撃ってきているんだぜ』。その言葉で、4人目のパイロットの疑念が解消したようだった。彼は嬉しそうに大声をあげた——『そうか、やっぱり奴らは敵機だったんだな！　さあ、攻撃に移るぜ！』。この4人目のパイロットはフィリップ、シュペーテ、ペース、それとも司令の4人のうちの誰かに違いなかった」

9月5日——その前日にマックス-ヘルムート・オスターマン少尉がこの航空団の8人目の騎士十字章受勲者（撃墜29機）となった——、JG54はサルディニエからシヴェルスカヤに前進移動した。レニングラードの真南65kmの町である。

この基地と、そこから24kmほどレニングラードに近いクラスノグヴァルディスク（ガッチーナとも呼ばれた）の基地とは、その後の2年間の大半にわたってJG54の本拠地となった。

9月の第2週にはレニングラードと、その西方沖合30kmにあるバルト海艦隊の基地であるクロンシュタット軍港とに対して、航空攻撃が強化された。南北から迫る包囲部隊はレニングラードとの距離をじりじりと詰めて行った。しかし、彼らがソ連軍の戦線を突破して攻略に進むには至らなかった。9月10日、ヒットラーは自分の意図を軍部にはっきりと示したのである。レニングラードを'包囲して孤立化し、爆撃を続けて餓死させる'——これが彼の命令だった。

JG54の航空団本部もシヴェルスカヤ基地に置かれていた。この基地の入口は2頭の剥製の熊がガードの位置に飾られていた。2頭のうちの大きい方（もう1頭はその半分ほどのサイズだった）は、背の高いハンネス・トラウトロフト司令（熊の右側）より大きかった。これは1942年の夏、司令が戦闘機隊総監アードルフ・ガランドを出迎えた時の写真である。右側後方のスタッフ乗用車のトランクの左側に'グリュンヘルツ'がかすかに見える。

レニングラード包囲戦の期間のJG54の3個飛行隊の'定置'基地の3番目は、このように酷い状態だった。航空団のシュトルヒ連絡機からたまたま撮影された写真である。このリェルビイツィ飛行場は第1航艦担当地域の最も南側で使用されていた前線発着場にすぎなかった。

クラスノグヴァルデイスク基地にも危険が迫っており、それはハインツ・ランゲ中尉の乗機、「白の1」にあらわれている。ソ連の長距離砲の砲弾の破片の穴が胴体に点々と残っている。

III./JG54飛行隊長、アルノルト・リグニッツ大尉。着任後、ソ連機5機を撃墜し、個人スコアを25機に伸ばした後、9月30日にレニングラード上空で戦死した。

このベルリンからの命令を遂行するために、その後の数力月にわたってJG54はエネルギーの大半を費やすことになったのである。

この作戦で、JG54は調子良くスタートを切ることができなかった。9月9日、部隊の騎士十字章受勲者が初めて戦死した。第5中隊長、フーベルト・ミュッターリヒ中尉が不時着を試みていて死亡したのである。戦死した時の中尉のスコアは43機だった。

その48時間後、7./JG54のペーター・フライヘル-フォン=マラパート-ノイフヴィレ少尉がイリメニ湖附近でMiG-3、数機によって撃墜され、捕虜になった。この捕虜の貴族の血筋に目をつけたためか、ソ連軍の対敵宣伝部隊がすばやく彼を利用した。数日のうちに、ペーター・フライヘル-フォン=マラパートが署名したようにつくられた降服勧告のビラが、シヴェルスカヤの周辺に撒布された。

9月の半ばまでには、この航空団のパイロットたちは誰もが毎日数回の出撃を重ねるようになっていた。彼らは第1航艦の爆撃機部隊とシュトゥーカ部隊——レニングラード爆撃とともに、そこからイリメニ湖まで南へ延びるヴォルホフ防御線沿いで行動する地上部隊への支援を任務としていた——に対する護衛に当たった。また、護衛とは別にフライ・ヤークト任務と敵戦線内の目標に対する低空攻撃任務にも出撃した。後者では敵の補給を阻害するために、この作戦でもバルカン作戦の際と同様に機関車を狙うことが多かった。

9月21から25日までの5日間、JG54はクロンシュタット軍港内のソ連艦隊を攻撃するシュトゥーカ部隊の護衛に当たった。この作戦では、その後に有名になったハンス-ウールリヒ・ルーデル中尉（後に大佐）が2万3600トンの戦艦マラートに直撃弾を与え、大破底着させた。

この過酷な出撃スケジュール——そのピークだった9月18日に、第6中隊のフランツ・エッカーレ大尉が確認撃墜30機に対して騎士十字章を授与された——にもかかわらず、'グリュンヘルツ'は損害なしにさまざまな任務を遂行した。しかし、過去3カ月の激しい作戦行動の結果が部隊の機材可動率に現れ始めた。7月半ばの可動機数はバルバロッサ作戦開始当時の保有機数の半分を下廻る状態になっていた。

JG54がロシア北部戦線に配備された唯一の戦闘航空団であるという状態は変わらず（その後、大戦末まで期間のほぼ全体にわたって、この状態が続いた）、この航空団が担当する戦線は北のフィンランド湾から南はイリメニ湖の南端を越えて南東80kmのデミヤンスクに至るまでの400kmに及んだ。後者の地域ではリェルビッツイ、スタラヤ・ルーサ（イリメニ湖の西側と南側）などの基地を使うことはできたが、損耗が進んだこの部隊の兵力でこれだけの長大な戦線をカバーしなければならず、小隊（4機）か、時には分隊（2機）の兵力だけでの出撃も少なくなかった。

しかし、航空攻撃の焦点はやはりレニングラードだった。9月の最後の日、

ここでIII./JG54は飛行隊長を失った。アルノルト・リグニッツ大尉の乗機、Bf109F-2の片翼が格闘戦の最中に折れたのである。これが被弾によるものか、それとも構造強度上の問題によるものかは不明である。初期のフリードリヒでは急激な運動によって翼が折れるケースがあることはよく知られており、西部戦線で戦っていたJG2 'リヒトホーフェン'の司令、ヴィルヘルム・バルタザルも含めて、この事故による死者が何名も発生していた。

リグニッツは錐もみに陥った機から何とか脱出し、落下傘降下した。彼がレニングラードの中心部に向かって流されていったことは目撃されたが、その後の消息はまったく不明である。この都市のどこかの監獄で死亡したものと思われる。

10月1日、ラインハルト・'ゼップル'・ザイラー大尉が後任の第III飛行隊長

初雪は'冬将軍'の到来の前触れだった。駐機スポットから出て行く7./JG54のフリードリヒが、滑りやすい地面の上でうまくコースに乗るように、'ブラック・メン'2人が翼端を支えている……

……そこでパイロットがエンジンを噴かすと、2人は顔に雪煙を吹きつけられ、外側に離れて行く……

……そして、滑走路前まで進んだパイロットは各々、離陸命令が下されるまで最終チェックに意識を集中する。

に任命された。その4日後、5./JG54のヴォルフガング・シュペーテ中尉——後に少佐に昇進、1944年末にMe163装備のJG400の司令になった——が騎士十字章を授与された。この日までの撃墜数は45機であり、10月の唯一の受勲者だった。

10月のパイロットの戦死と行方不明は7名だった（行方不明2名のうち、第1中隊のゲーアハルト・プロスケ伍長は敵戦線内に不時着したが、実に10日後に部隊に生還した）。この時期、この航空団の作戦行動は悪化してきた天候に強く制約されるようになった。8月の末の季節外れの激しい驟雨は、もっと長く続いて予想可能な雨に移って行き、その雨は舗装なしの滑走路と誘導路を泥水の湖に変えてしまった。

10月の半ばには地上部隊の急速な行動は不可能になった。地面を均しただけのソ連の道路は、この国ではまったく考えられていなかった大量のドイツ軍の車両の通行によって、泥沼同然になってしまった。ヒトラーは元々、バルバロッサ作戦開始を5月と計画していたが、それはこのような状況を避けるためだったのである。この最初のタイムテーブルがバルカン作戦のために1カ月遅れてしまったことは、きわめて重大な結果をもたらした。

10月のこの地面の状態はひどかったが、11月にはもっと遙かにひどくなった。雨が雪に変わり、気温が激しく低下して、地面は固く凍ってしまった。10月に個人撃墜戦果を5機延ばしたトラウトロフト少佐は、11月8日の日記に次のように書いている。

「雪と寒さにもかかわらず、そして我々は支援行動に出撃できなかったが、ティフヴィンに向かい地上部隊の前進は順調に進んだ。彼らはティフヴィン〜ノヴァヤ・ラドガ間の鉄道を越えた。これで今や、レニングラードにつながる鉄道はすべて我が軍の手に落ちた」

ティフヴィンはレニングラードの東方100kmほどの都市である。ここの上空で、天候悪化のため航空部隊の行動が激減する直前の11月4日、第8中隊のハンス-ヴェルナー・パウリッシュ少尉が行方不明になった（バルバロッサ作戦開始後、27人目のパイロット損失）。トラウトロフトが日記に書いている通り、ティフヴィンからノヴァヤ・ラドガ間の鉄道の連絡は遮断されたが、レニングラードの市民にとっては最後の補給路が残されていた。それはこの都市の北東の背後に拡がる面積1万8000km²のラドガ湖である。

ドイツ軍はラドガ湖の南端の湖岸に、不安定ながら足掛かりを握り、確かに地上でのレニングラード包囲線を完全に造り上げた。しかし、ノヴァヤ・ラドガを始め、湖の東岸のいくつかの港からこの都市への輸送が続いた。夏の間は小型の船により、湖面が凍結した後は氷上道路を走る自動車の隊列によって、補給物資と増援部隊が送り込まれた。900日にわたるレニングラード包囲戦の間、ラドガ湖経由の輸送を阻止しようとする行動は、他のさまざまな作戦行動と並んでJG54の大きな任務となった。

しかし、それ以外の面では、11月8日にトラウトロフトが日記に記した見方は間違っていなかったのだが、

周囲の自然条件が悪化して行く中で、出撃は夜明けから日暮れまで続いていた。第III飛行隊副官が乗機のコクピットに楽な姿勢で立ち、早暁の薄明かりの空を見詰めている。彼のフリードリヒは主翼と尾翼の胴体の背筋の部分に、ざっとした冬の白塗装が施されている……

その後、ティフヴィン攻略は'順調に'進むことはなかった。12月の初め、気温が零下30度に下がると、地上部隊は前進を停止した。12月8日、最高司令部は東部戦線での主要な攻勢作戦をすべて一時停止するように命じた。ドイツ軍は陣地線を固めての越冬態勢に移ろうとしたのである。

12月9日、ソ連軍が北部の戦区で反撃を開始すると、ティフヴィン周辺まで前進していた第39機甲軍団が退却に追い込まれ、ここで北方軍集団はソ連侵攻作戦開始以来初めて後退に転じた。突然に気温がさらに10度も下がる過酷な条件の下で、可動状態の戦車と機械化歩兵部隊の車両は深い雪の中を走り、北のラドガ湖と南のイリメニ湖を結ぶヴォルホフ河を西へ渡った。

この戦況の中で'グリュンヘルツ'はほとんど何の活動もできなかった。国防軍の他の部隊と同様、突然に始まった激烈なロシアの冬に不意を衝かれ、それに対応できなかったためである。ソ連空軍は長年の経験によって'この商売のコツ'を心得ており、酷い条件の下でも飛行機を飛ばすことができたが、ドイツ空軍はまだそれを知っていなかった。12月3日に第1中隊のエルヴィーン・レフラー伍長が行方不明になったが、それ以外の12月の損害は物的なもののみだった。主にシヴェルスカヤとクラスノグヴァルディスクで、敵の攻撃（トラウトロフトが日記に書いている）または事故によって1ダースほどのフリードリヒが損害を受けた。

12月20日、Ⅲ./JG54飛行隊長、ラインハルト・ザイラー大尉が、この航空団で8人目の騎士十字章受勲者となった（撃墜42機に対して）。同じ日に第Ⅰ飛行隊長、エーリヒ・フォン＝ゼーレ大尉が離任し、6./JG54中隊長だったフランツ・エッケルレ大尉がその後任となった。12月には第Ⅱ飛行隊の本国への移動もあった。ドイツ北部のウェターセンで休養を取り、Bf109F-4に装備改変するためである。

1941年12月31日、第1中隊のカール・シュネラー伍長が初戦果をあげた。JG54に配属されてから6カ月目だった。'クヴァックス'というあだ名（当時、人気があった映画の主人公で、よく事故を起こすパイロットの名前。皮肉っぽいあだ名といえる）をつけられたシュネラーは、当時の東部戦線の標準ではまだ駆け出しの部類だった。しかし、その後に彼は長い期間にわたってヴァルター・ノヴォトニーの列機として飛び、強力なチームの一翼を担った。

1941年には北方軍集団は一連の目覚ましい急進撃を重ねて、リトアニア国境からレニングラードの正面と、その先の東の方まで前進した。しかし、北部戦域で戦うドイツの航空部隊と地上部隊にとって、次の年の戦いは大きく異なった種類のものになった。

1942年のロシア戦線での戦いは、はるか南方の戦域でのいくつかの作戦に重点が移った。2つの進撃コースの攻撃作戦――カフカス地方の油田群とヴォルガ河畔のスターリングラード（現ヴォルゴグラード）の2つの目標の奪取を目指した――はきわめて野心的だったが、翌年の早い時期には大々的な

……それとは違って、夕刻に帰還したこのⅢ./JG54のフリードリヒは、逆光の中でかなり見にくいが、もっとていねいなグリーンと白の塗り分けカモフラージュになっている。これも見分けにくいが、アンテナ・マストの先端が後方に曲がり、アンテナ空中線がたるんでいる。その原因は不明。

破局に終った。その間、北部戦域は戦線の進退はほとんどないままで、強いパンチの応酬が続く状況になった。

　戦いの激しさは南部戦域の大草原地帯に広く展開された戦車戦と同様だったが、北部戦域では数百キロの単位で戦線が激しく移動することはなく、数十キロの単位の距離で相互に敵を陣地線から駆逐しようとする戦いだった。

　1942年1月までにはラドガ湖からイリメニ湖までのヴォルホフ河沿いの160kmと、そこから南東130kmのセリゲル湖——ここが中央軍集団の担当地域との境界だった——までの間の戦線に沿って、独ソ両軍はすでにそのような陣地線を固めていた。その後の長い期間にわたるJG54の任務の大半はこの陣地線上空での戦いと、それ以前から続いていたレニングラード上空での戦いだった。

　新任の第Ⅰ飛行隊長、エッケルレ大尉は新年のお祝いのように元日にソ連の戦闘機3機を撃墜した。クラスノグヴァルデイスク基地からの朝の出撃でI-16を2機、午後早くの出撃では単機で飛んでいたI-153を撃墜した。しかし、シヴェルスカヤを基地としていたⅢ./JG54にとっては、1942年は不運な幕開けで始まった。1月2日の夜に激しい爆撃を受けたのである。

　この日もソ連空軍は酷寒の中でも活動する能力を発揮して（この時期、氷点下45度になっていた）、この基地に大きな損害を与えた。ある資料によれば第Ⅲ飛行隊は10機を破壊されたといわれ、別の資料によれば損害はF-2 5機と小型の連絡機10機の破壊、または修理不能の損傷といわれている。幸いなことに人的な損害は比較的少なく、地上要員1名戦死、4名負傷に止まった。

　1月の第2週にソ連軍は3カ所で反撃作戦を開始した。ヴォルホフ戦線ではドイツ軍の陣地線を幅30kmにわたって突破した。スタラヤ・ルーサと、2つの軍集団の担当地域の境界であるセリゲル湖南端岸のオスタシュコフも攻撃を受けた。

　第1航艦は各戦線の地上部隊に対する支援に全部隊を投入し、JG54は最も危機的になった地区に出動した。フラバク大尉の第Ⅱ飛行隊は大至急戦線に復帰するように命じられ、間もなくスタラヤ・ルーサの西50kmほどのドゥノから新装備、F-4による出撃を開始した。1月の末までにJG54の確認戦果は99機に達し、損害は第Ⅰ飛行隊のパイロット3名に止まった。グスタフ・ハウブナー等飛行兵の戦死と、行方不明になったブルーノ・ブルーム少尉とヴィルヘルム・クアック軍曹である。

すぐに雪は深く積もるようになり、駐機スポットと滑走路はシャベルによる除雪が必要になった。

冬が厳しくなってくると、JG54のBf109は機体全体、雪に覆われた地面と見分けがつかない白塗装になった。画面の左側に見える航空団の連絡・輸送機、Fw58も毎日の任務に飛ぶために、冬の白塗装になった。

1月に戦果をあげた多くのパイロットたちの中のひとりは、後に騎士十字章受勲者となるルードルフ・ラデマハー伍長だった（後に少尉、最終撃墜数126機）。3週間前に第3中隊に配属されたばかりの彼は、1月9日に初撃墜を記録した。後に彼は'クヴァックス'・シュネラーと同じく、有名なノヴォトニー小隊（シュヴァルム）のメンバーとして活躍することになった。

ヴォルホフ河を渡河したソ連の第2突撃軍は、1月の後半、ドイツ軍占領地に60km近くも侵攻した。この進撃はレニングラード包囲体制に対する脅威になるおそれがあり、ドイツ軍は'あらゆる種類の緊急策'を取った。たとえば地上では、後方の補給部隊が戦闘部隊と並んで前線に投入された。そして航空戦闘においても、ハンネス・トラウトロフト司令――中佐に昇進していた――によって新たな次元が開かれた。

ソ連空軍がドイツ軍の領域のかなりの距離まで夜間行動圏内に収めている状態を見て（ソ連空軍の夜間爆撃と攪乱攻撃を受けていたドイツ軍の地上部隊将兵は、それを強く感じていたはずである）、トラウトロフトは選抜したパイロットたちによる実験を始めた。敵機の夜間行動の多い地区で月明の夜に、低い高度を旋回して待機させる戦術を試したのである。

この実験は大成功を収めた。ヴォルホフ河周辺の戦いの間に第Ⅲ飛行隊の'ゼップル'・ザイラーは、これまでのスコアの上に夜間撃墜16機を加えた。最近まで補充要員訓練飛行隊の教官だったギュンター・フィンク中尉が9機を撃墜し、第2位になった。第3位は8機撃墜のエルヴィーン・ライカウフ少尉だが、彼は6月22～23日の一晩のうちに敵の補給任務の機を何と6機も撃墜した！　この6機によって彼の合計スコアは一挙に23機に延び、彼の'抜群の戦い振り'に対して第1航艦司令官ケラー空軍大将から名誉賞杯（エーレンポカル）を授与された。

2月4日、第Ⅲ飛行隊のカール・ケンプ曹長が騎士十字章を授与された（41機撃墜。いずれも昼間の戦果）。1942年中のJG54の受勲者があり、彼のそのひとり目だった。

1942年の初めには、イリメニ湖の南の地区の戦局は重大な状況になってきた。ソ連軍はドイツ軍の2つの拠点を迂回して西方への前進を続けたので、これらの2地点はソ連軍の勢力圏の中で孤立して残されてしまい、ヒットラーはただちにこれを'敵中の重要拠点'であると宣言した。ホルム（現名ヘウム）の守備隊は3500名、もっと大きなポケット地区であるデミヤンスクでは9万5000名の部隊が包囲されたが、敵中を突破して西方の味

1942年の初め、ソ連軍の地上攻勢圧力が高まると、ドイツ空軍は全力出撃を続けなければならなくなった。この写真では、6./JG54の整備員が担当機――カモフラージュがだいぶ傷んで剝げかけている――の出撃準備を整えている。Ju87に対する護衛のための出撃が迫っている。画面手前にはシュトゥーカに搭載する500kg爆弾が置かれている。

天候の回復に伴って、第1航艦の爆撃機部隊はソ連軍の戦線後方の補給線に対する攻撃も始めた。湖沼の多い北方戦域の上空高く、He111の右側、至近の位置で飛んでいる第7中隊の「白の6」。方向舵には着実な撃墜戦果、8機が描かれている。

方戦線に脱出することは許されず、反撃作戦によって解放されるまで空輸によって補給を維持することを命じられた。実際に救援部隊によって救出されるまでに3カ月以上もかかり[1月下旬から5月初めまで]、その間、JG54はさまざまな任務の上に輸送機の護衛の任務も加えられた。

'グリュンヘルツ'は低速で鈍重なJu52の編隊（通常、20機から40機の編隊だった）に対して近接護衛に当たるより、味方の基地から2カ所のポケット地区への往路と帰路沿いと、物資投下（ホルムの場合）と着陸（デミヤンスクの場合）の地点の上空で、小隊または分隊の単位でのフライ・ヤークト（シュヴァルムまたはロッテ）を実施して敵機を迎えるように努めた。この戦術は明らかに成功を収めた。2月の終りまでにJG54は合計戦果を201機延ばし、3月中にはさらに359機の戦果を加えた。

しかし、航空団の損害も、急激にではないが、明らかに増加し始めた。2月14日、第I飛行隊長フランツ・エッケルレ大尉がホルムの南西方で対空射撃によって撃墜された。彼は英国本土航空戦の末期近く、各航空団の中で1個中隊を戦闘爆撃中隊に転換せよとの命令が出された時、JG54のヤーボ中隊（ヤーボシュタッフェル）の先頭に立って戦った指揮官であり、彼の確認戦果は59機だった。エッケルレは3月12日に騎士十字章柏葉飾りを死後授与され、JG54の最初の受勲者となった。

エッケルレが帰還しなかった日から9日後、JG54はもうひとり、この航空団で長く戦ってきたパイロットを失った。発足以来、3./JG54中隊長の職にあったハンス・シュモーラー－ハルディー大尉が重傷を負ったのである。彼は長い回復期間の後、戦闘機隊総監の幕僚のひとりとなり、その職で敗戦を迎えた。

エッケルレの後任の第I飛行隊長に選ばれたのは4./JG54中隊長だったハンス・フィリップ大尉だった。この新任の飛行隊長はすぐに自分の価値を明らかに示した。彼が2月の後半に次々と重ねた戦果の中には、2機を一度に撃墜したカーチスP-40トマホークも含まれていた（P-40は米国からの供与が始まったばかりで、それを最初に装備したいくつかの部隊がレニングラード戦線で戦っていた。この2機は、そのうちのひとつ、第154連隊の機だったと思われる）。

3月9日、JG54の補充要員訓練飛行隊（エルゲンツンクスグルッペ）――その作戦行動中隊（アインザッツシュタッフェ）はフィリップの第I飛行隊と並んでクラスノグヴァルディスク基地に配備されていた――は正式に解隊された。この飛行隊の16カ月の歴史を通じて、訓練パイロットの確認撃墜戦果は51機に達した（大半は作戦行動中隊の戦果だった）。

それに替わって、新しい作戦行動訓練のシステムが発足した。このために新設された独立的な補充要員訓練戦闘航空団（エルゲンツンクスヤークトゲシュヴァーダー）は最初2個飛行隊――'東部'と'西部'――による編制だった。このふたつの呼称は文字通り地域の区分を示しており、'東部'飛行隊はウンターシュレージェンのリグニッツ、ロガウ－ロ

8./JG54中隊長、マックス－ヘルムート・オスターマン中尉は、1942年3月10日、62機撃墜に対して柏葉飾りを授与された。彼の乗機、「黒の1」のアンテナ柱の先端の金属製の指揮官ペナントに注目されたい。

第I飛行隊長に任命されたハンス・フィリップは、もっと戦果が高く、JG54で最初に100機撃墜を達成した。1942年3月31日、クラスノグヴァルディスク基地での祝賀会で松の枝の輪飾りの前に立つ'フィップ・フィリップは、緊張が緩んだ時にこの写真を撮られたようで、あまり嬉しそうな表情ではない。

ゼンナウ、サガンに基地を置き、'西部'飛行隊はフランス内の占領地のベルジェラク、ビアリッツ、トゥールーズに配置された。

しかし、以前の体勢と似た点はまだ残り、2つの訓練戦闘飛行隊 (ErgJGrs) はいくつかの中隊で構成され、各々の中隊は特定の実戦部隊のために補充パイロットを訓練する仕組みになっていた。JG54は'東部'と'西部'両方につながりをもち、シュレージェンとフランスの両方に置いた自隊の訓練中隊から補充パイロットの供給を受けた。この新しいシステムでは、どの戦闘航空団も経験の高いパイロットを教官として送り込むことが必要だった。

JG54の隊員で、後に騎士十字章を授与された者たち――アントーン・デベル、オットー・キッテル、ハンス-ヨアヒム・クロシンスキ、ルードルフ・ラデマハー、ヴィルヘルム・シリングなど――はいずれも、ある時期、2つの訓練中隊の一方、または両方に配属され、若いパイロットたちに前線での厳しい戦い方を教える任務に当たった。

3月の第2週には、JG54の上位のエース2人に栄誉が与えられた。第7中隊の中隊長になっていたマックス-ヘルムート・オスターマン中尉が3月10日に、62機撃墜の戦功に対して柏葉飾りを授与された。そして、その2日後にハンス・フィリップ大尉が、'グリュンヘルツ'のメンバーとしては初めての剣飾りを授与された。合計戦果は82機だった。

この時期までに、レニングラードの南方、ヴォルホフ河の西の地域の状況は、いくらか安定的になっていた(ドイツ軍は挟撃作戦によって、前進してくるソ連の第2突撃軍の後方に廻り込み、今や立場が逆転してソ連軍が包囲される側になった)。そして、イリメニ湖の南、デミヤンスクの'地獄の大釜'まで、幅は狭いが、地上補給のための回廊が確保された。

第1航艦は兵力の一部をレニングラード自体に対する攻撃に向けることができるようになった。もっと正確にいうと、クロンシュタット軍港にいるソ連海軍のバルト海赤旗艦隊に対する攻撃である。軍港に近い本土側の地域に進出していたドイツ軍部隊は、艦隊の大口径砲射撃を受けていたが、それを制圧する手段を持っていなかった。3月の下旬から、第1航艦の爆撃機とシュトゥーカはソ連の艦艇に対して一連の集中的な爆撃作戦を重ね、JG54はその護衛に当たった。

ここに写っている5人は笑顔を見せている。5月9日、ふたたび新たに2人が騎士十字章を授与され、JG54はリェルビィツィ飛行場で祝賀式典を催した。左から右へ、トラウトロフト少佐、ハンス・バイスヴェンガー少尉、フェルスター空軍大将、ホルスト・ハニヒ少尉、フラバク大尉。

ハンネス・トラウトロフトは部下に気を配る人物として知られていた。これは負傷してシルヴェスクヤ基地の病院に入院していたマックス-ヘルムート・オスターマンを、彼が見舞った時の写真である。オスターマンは退院する前に、100機撃墜に対して剣飾りを授与された。

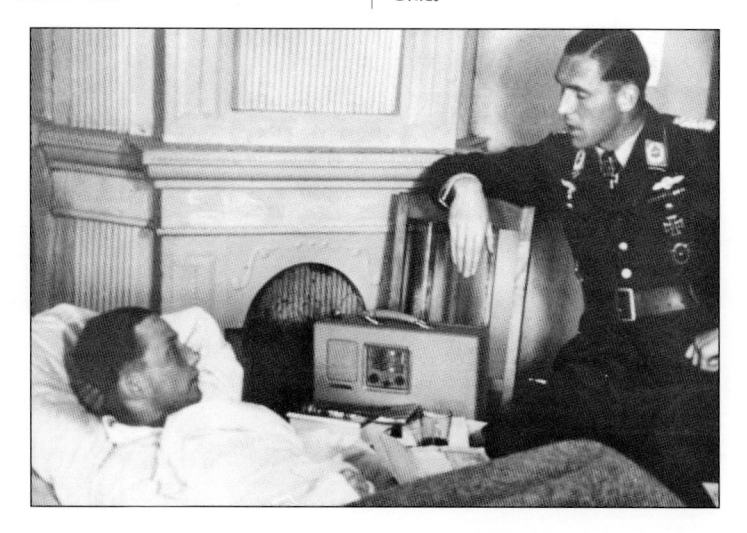

3月31日、あのおそるべき'フィプス'・フィリップがふたたび大記録を立てた。JG54で初めて100機撃墜を達成したのである(戦闘機隊全体でも彼の前には3人がいるだけだった)。その4日後に第8中隊のルードルフ・クレム軍曹が撃墜した1機は、この航空団の2000機目の確認戦果になった。

　1942年4月5日付の総統戦争指令第41号は、ヒトラーがレニングラードの運命についての方針を変えたことを明らかに示している。「……北方軍集団はレニングラードを攻略し、その北方のカレリア地峡に前進したフィンランド軍と連携するものとする」と彼は命じていたのである。しかし、この北方軍集団の作戦行動の開始は、ロシア戦線南部での大規模な進攻作戦が成功した後とすると指示されていた。

　北部戦線には地上部隊が増強され、来たるべき攻勢作戦の際の航空作戦指揮組織がシヴェルスカヤに設置された。しかし、南部戦線での大攻勢作戦が失敗に終り、それに伴ってヴォルコフ河沿いの地区でのソ連軍の行動が激しくなってきたために、レニングラード攻略作戦開始は一時延期され、その後、長期的に棚上げされた。こうしてレニングラードはスターリングラードのように直接的な激しい市街戦に巻き込まれる運命は免れたが、22カ月にわたる包囲戦の間、市民はもっと苦しい飢餓状態に曝されることになった。

　4月の末、ソ連艦隊に対する爆撃が打ち切られたが、これはその後の状況の不吉な予兆だった。少なくとも戦艦1隻、重巡洋艦2隻、その他の小型艦艇数隻にかなりの損害を与えたが、バルト海艦隊の砲撃戦力を全面的に制圧するまでには至っていなかった。しかし、この時期、第I航空軍団の爆撃機兵力を他の戦線に向けねばならなくなったのである。

　JG54はその後も北部戦線でソ連機を損耗させる戦いを続けた。4月には、それまでの戦績の上に261機撃墜を加えた。さらに第5中隊のヴォルフガング・シュペーテ中尉は、4月16日朝のPe-2 2機撃墜も含めて次々に戦果を重ねた。そして、1週間後には、撃墜戦果が72機に達して騎士十字章柏葉飾りと授与された。

1942年の前半の6カ月にわたり、JG54のパイロットたちは自隊で編み出した戦術によって、ロシア戦線で初めての夜間戦闘を展開した。月明の夜に低高度でパトロールして、ソ連空軍の夜間攪乱攻撃機や、ドイツ軍戦線内のパルチザン部隊への補給投下任務の小型機を捕捉した。エルヴィーン・ライカウフ少尉は6月22/23日の一晩の1時間のうちに、補給任務の機を6機撃墜した。乗機の機首に描かれた彼の個人マークに注目されたい(カラー塗装図18を参照)。

1942年の7月から10月まで、ラドガ湖上の枢軸国海軍部隊に対する掩護任務のため、JG54の分遣隊がフィンランドの基地から行動した。この第7中隊のBf109F-4のロッテは6月23日、分遣隊の詳細を取り決めるためにウッティに派遣された。手前の機は第7中隊長、フリードリヒ・ルップ中尉の乗機であり、方向舵に撃墜バー20本が描かれている。

5月の初め、ホルムとデミヤンスクのポケット地帯は完全に解放された。包囲していたソ連軍地上部隊はドイツ軍に押し返されて後退したが、兵力を増大してくるソ連空軍に対して、'グリュンヘルツ'は全力で戦い続けなければならなかった。その後の数カ月、出撃のテンポは高まり、それを反映して戦果のリストは、個人のものも部隊全体としても伸び続けた。

　5月9日、JG54の騎士十字章受勲者が新たに2名増加した。第6中隊のハンス・バイスヴェンガー少尉とホルスト・ハニヒ少尉──撃墜数は47機と48機──であり、リェルビッツィ基地で簡略ながら式典が開かれ、第I航空軍団司令官ヘルムート・フェルスター大将からふたりに十字章が授与された。しかし、その日も部隊の作戦行動はいつものように続いた。その日の午後のソ連空軍の空襲の際にトラウトロフト司令は2機撃墜──Yak-1戦闘機とPe-2双発爆撃機──の戦果をあげた。

　その3日後、マックス-ヘルムート・オスターマン──彼は小柄な外見からは想像できないほど、空戦では激しい戦い振りを見せた──が100機撃墜を達成した。JG54で2人目である。彼はヴォルホフ河上空の格闘戦で右の腕と脚に重傷を負ったが、意識を失いかける状態で飛び続け、リュバニの前線発着場──レニングラードとイリメニ湖の中間──に乗機「黒の1」を何とか無事に着陸させた。そして、まだ入院中だった5月17日に騎士十字章剣飾りを授与された。

　6月も全体にわたって戦闘の重圧が続き、19日には第II飛行隊のマックス・シュトッツ曹長──戦前のオーストリア航空隊の曲技飛行チームのメンバー──が53機撃墜に対して騎士十字章を授与された。その10日後、ヴォルホフ河戦線を突破して西へ進撃したソ連の第2突撃軍は潰滅し、この地区での戦闘は終った。

　大量の捕虜の中には第2突撃軍司令官アンドレイ・ウラソフ将軍も含まれていた。後に彼は志願した捕虜を集めてドイツ軍に協力する'ロシア解放軍'を組織した（戦後に処刑された）。

2./JG54のハンス・ゲッツ中尉（右側）が分遣隊長としてラドガ湖掩護行動の指揮に当たった。これは彼がフィンランド空軍のご同役、1/LLV24のエイノ・ルーツカネン大尉──56機撃墜のエース──と談笑している場面である。

1942年の夏、JG54はBf109Gの最初の数機を受領した。このグスタフはトラウトロフト司令の乗機（カラー塗装図17を参照）。

それまでJG54の作戦地域はレニングラードから南に延びる戦線に限られていたが、6月には行動範囲を北に拡大した。遅い春の到来とともに、レニングラードに至るラドガ湖の氷上補給路は溶けてなくなった。このためレニングラード維持のための補給は、ノヴァヤ・ラドガなど湖の東岸のソ連支配地域のいくつかの港から、舟艇1隻ずつ、または小規模な船団による水上輸送に転換した。

　ドイツ軍はこの水上輸送を阻止するために小規模な臨時の海軍部隊──ドイツ海軍の沿岸掃海艇4隻、イタリア海軍の魚雷艇4隻、ドイツ空軍の兵員が乗務するジーベル連絡舟艇（水上砲座として上陸作戦に用いられた）約20隻──が編成された。この部隊に対する航空掩護はJG54が担当することになった。

　6月23日、第7中隊の2機編隊がフィンランドのウッティに飛んだ。そこに派遣される小規模な部隊を受け入れる準備を確認するためと見られる。しかし、分遣隊の到着は7月の初めになり、その兵力はJG54の第1，第2中隊から割かれたF-4 15機であり、メンスバーラ──ラドガ湖の北西端──とペタヤルヴィに基地を置いた。第2中隊のハンス・ゲッツ中尉を指揮官とするこの分遣隊は、ソ連軍が氷上補給路を再開する動きを現した10月の初めまでフィンランドに留まった。

　この7月初めから10月初めまでの間に、JG54は戦線の他の地区で幸運と不運が入り混じる戦闘を重ねた。多くのパイロットが個人撃墜戦果を延ばし、それに対応する栄誉を与えられたが、それを相殺するように戦死者のリストも長く延びて言った。隊員たちは損失をひとつひとつ痛切に受け止めていたが、その中にはもっと重大な損失もあった。1942年7月、JG54はBf109G-2への装備改変を始めた。5月半ばに負った重傷から完全に回復した第7中隊長オスターマン中尉──今や剣飾りつき騎士十字章を襟元に佩用していた──は8月9日、新しいグスタフ[G型の愛称]に乗り、列機のハインヒリ・ボジン伍長を率いて長距離フライ・ヤークト任務に出撃した。

　イリメニ湖の東のソ連軍戦線の背後に深く侵入した彼のロッテ編隊は、高度1000mで飛行中にカーチスP-40の9機編隊を発見した。オスターマンは降下攻撃に移り、最後尾の

この2機のG-2はトラウトロフトの乗機と同じく、ブラウンとグリーンのカモフラージュパターンの塗装である。左側の機は第Ⅱ飛行隊、右側の機は第Ⅲ飛行隊のマークをつけている。

リェルビィツィ飛行場で転覆した第9中隊の「黒の1」。全体がダークグリーン塗装である。この機のパイロット、ヴァルター・ノヴォトニー少尉はこの時の出撃で3機を撃墜した。彼の機は敵の機関砲弾によってコクピットの後方と胴体燃料タンクに損傷を受けていたのだが、飛行場で撃墜表示の低空パス3回をやってのけた。そして着陸はこのように不様な状態になり、この日の出撃は意気高揚から惨めな気持ちに大きく逆転して終った。

1機の後方30mまで迫って射弾を浴びせた。このP-40の右の翼から大きな金属片がいくつも飛び散り、2機のグスタフは上昇に移って離脱した。彼らが二度目の攻撃開始の位置につこうと運動している時、後方の高い位置の雲の切れ間から降下して来た別のソヴィエト戦闘機の群れに襲われた。敵の射線はオスターマンの機のコクピットを捉えた。キャノピーは吹き飛ばされ、輝くような火焔が吹き出して胴体沿いに後方に流れた。彼のグスタフは左横転に入って降下して行き、小さな森の縁に墜落した。

秋の雨はロシア戦線での二度目の冬の前触れだった。第5中隊の「黄色の2」は注意深く大きな水たまりを避けている。

　それから24時間後にも、JG54は別の中隊長を喪った。戦線中部のルジェフで第6中隊長カール・ザティヒ大尉が行方不明になったのである。ソ連軍はドイツ軍の北方軍集団と中央軍集団の間に楔を打ち込もうと図り、セリゲル湖の南で西方への進撃を始めたため、数日前に第Ⅱ飛行隊が臨時にこの地区に派遣されていた。ザティヒは偵察機のパイロットから1941年にJG54に転任してきた将校であり、それまでの撃墜54機に対して9月19日に騎士十字章を死後授与された。

　ザティヒとオスターマンの後任の第6中隊長と第8中隊長にはハンス・バイスヴェンガー少尉とギュンター・フィンク少尉が任命された。8月21日にはこの月の唯一の受勲者として、第5中隊長ヨアヒム・ヴァンデル大尉が騎士十字章を授与された。

　'グノーム'・ヴァンデルの実戦経験はコンドル部隊に始まり、軽対空火器によって撃墜されてしばらくの間、共和国政府軍の捕虜になっていた。大戦の初期には2./JG76中隊長として戦い、その後にフラバク指揮下のⅡ./JG54の飛行隊副官の職に移った。

　8月27日、ソ連軍はレニングラード包囲線破断を目的として、ふたたびヴォルホフ河戦線で強力な攻勢作戦を開始した。しかし、この試みも失敗に終わった。1カ月ほどの激戦の後、作戦開始の際の兵力、16個師団のうちの少なくとも7個師団がムガ周辺の濃密な森林地帯で包囲され、10月2日に降服したのである。

　その頃、ひとりの若いパイロットが彗星のように急速に戦績を延ばし、新たな英雄として広く認められるようになった。3月にふたつの補充要員訓練戦闘飛行隊（Erg.Jgr）が解隊され、訓練パイロットのうちで戦線勤務可能と判定された者は前線の飛行中隊に配属された。その中のひとり、ヴァルター・ノヴォトニー——前年7月、ゴム製の救命ボートで3日間漂流し、生き残った男——はコール中尉指揮の3./JG54に配属された。

ディートリヒ・フラバク少佐(左側)は1942年10月に'グリュンヘルツ'を離れ、ロシア戦線南部に配備されているJG52の司令の職に異動した。

　8月2日の7機撃墜も含めて、彼は次々に戦果を重ね、合計戦果56機に対して9月4日に騎士十字章を授与された。この若いエースは8月3日付の両親への便りの中で、その前日の7機撃墜によって'襟元のピカピカ'は確実になったと思うと書いている。

　9月13日には第Ⅲ飛行隊のハンス-ヨアヒム・ハイアー少尉の戦果（複数）によって、'グリュンヘルツ'の大戦での合計戦果は3000機の大台に登った。

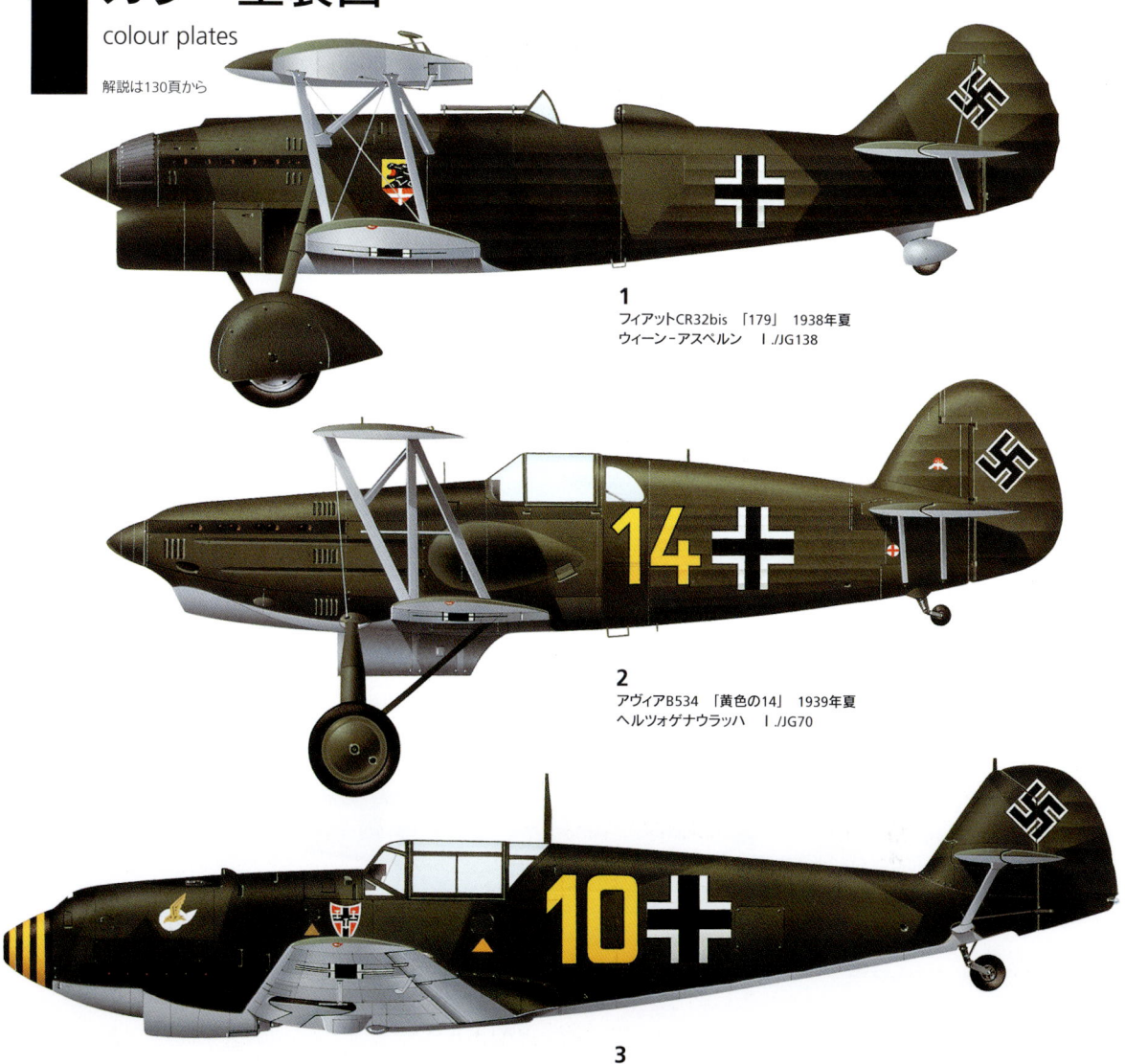

カラー塗装図
colour plates

解説は130頁から

1
フィアットCR32bis 「179」 1938年夏
ウィーン-アスペルン Ⅰ./JG138

2
アヴィアB534 「黄色の14」 1939年夏
ヘルツォゲナウラッハ Ⅰ./JG70

3
Bf109D-1 「黄色の10」 1939年9月 アリス-ロストケン Ⅰ./JG21

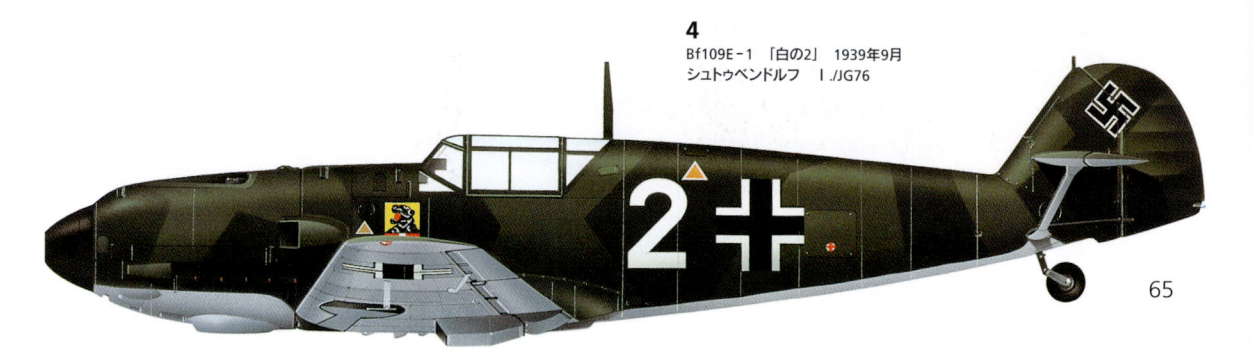

4
Bf109E-1 「白の2」 1939年9月
シュトゥベンドルフ Ⅰ./JG76

5
Bf109E-1 「赤の9」 1940年夏 ル・マン Ⅰ./JG21

6
Bf109E-1 「白の11」 1940年8月 グイン-シュド Ⅲ./JG54

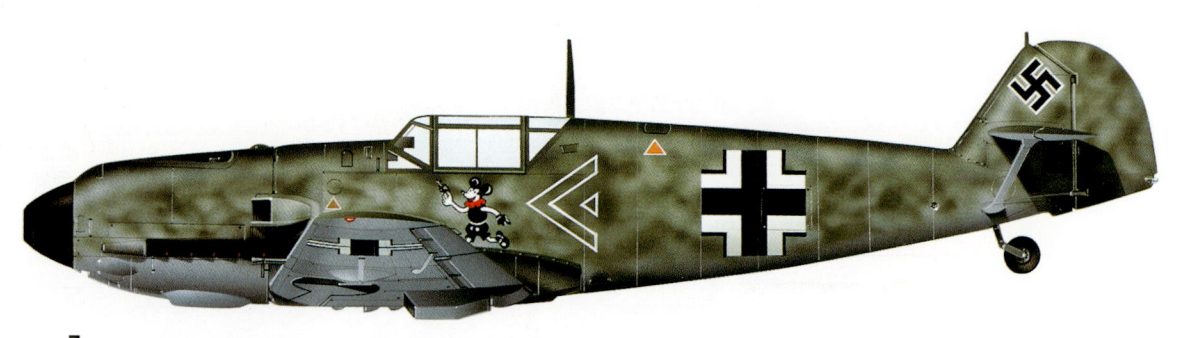

7
Bf109E-3 「白のダブル・シェヴロン」
1940年9月 カンパーニュ-レーグイン Ⅰ./JG54飛行隊長 フベルトゥス・フォン＝ボニン大尉

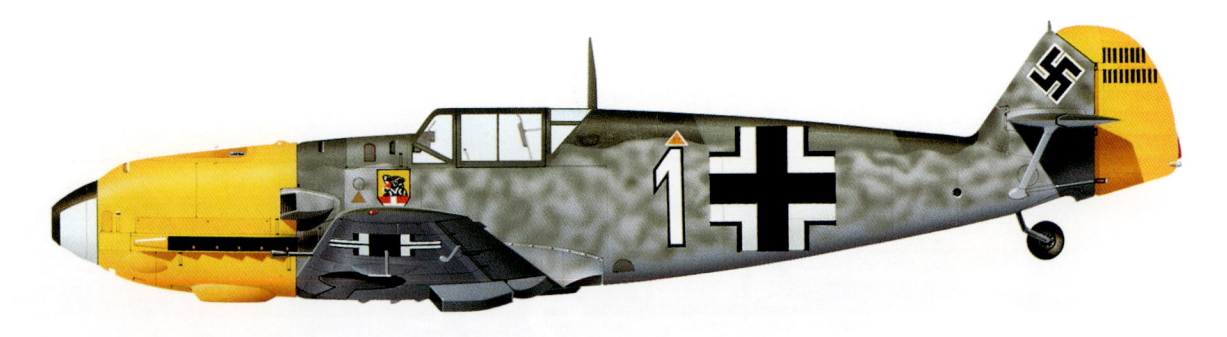

8
Bf109E-4 「白の1」 1940年10月 カンパーニュ-レーグイン
4./JG54中隊長 ハンス・フィリップ中尉

9
Bf109E-4 「黒のダブル・シェヴロン」
1941年4月 グラース-タレルホフ I./JG54飛行隊長 ディートリヒ・フラバク大尉

10
Bf109F-2 「黄色の1」 1941年8月 サルディニエ
4./JG54中隊長 ハンス・シュモーラー-ハルディ中尉

11
Bf109E-7 「白の12」 1941年9月 ウィンダウ 1.(Eins)/JG54

12
Bf109F-2 「黒の8」 1941年11月 シヴェルスカヤ III./JG54

67

13
Bf109F-2 「黒のシェヴロンと縦のバー2本」 1942年3月 クラスノグヴァルデイスク
I./JG54飛行隊長　ハンス・フィリップ大尉

14
Bf109F-2 「黒の8」 1942年5月 クラスノグヴァルデイスク
I./JG54　オットー・キッテル軍曹

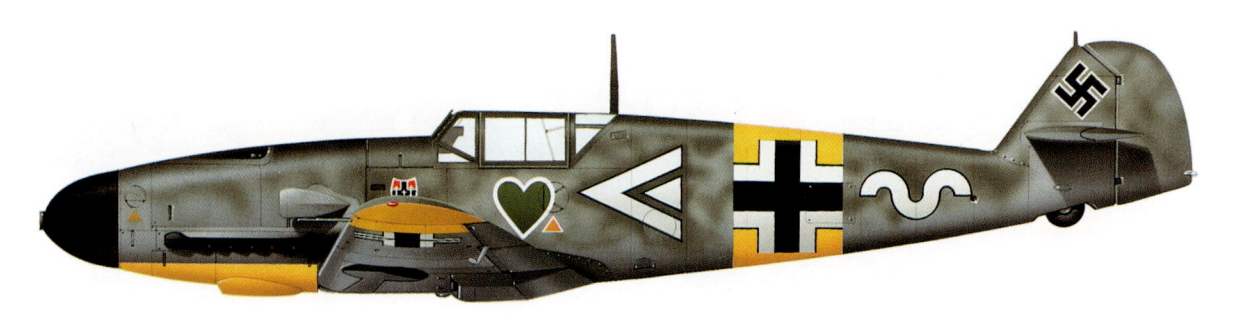

15
Bf109F-4 「白のダブル・シェヴロン」 1942年夏　シヴェルスカヤ
III./JG54飛行隊長　ラインハルト・ザイラー大尉

16
Bf109F-2 「白の8」 1942年夏　リェルビッツィ　1./JG54
ヴァルター・ノヴォトニー少尉

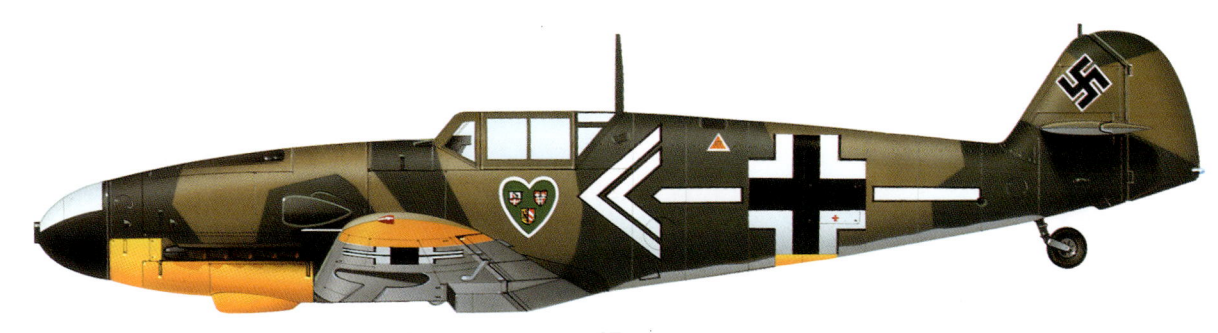

17
Bf109G-2 「白のシェヴロンとバー」 1942年夏 シヴェルスカヤ
JG54航空団司令 ハンネス・トラウトロフト少佐

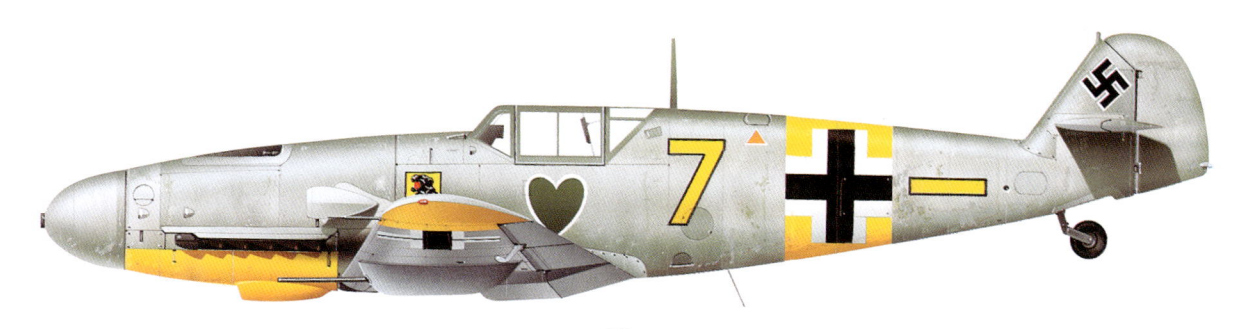

18
Bf109G-2/R6 「黄色の7」 1943年2月 ヅイトミル Ⅱ./JG54

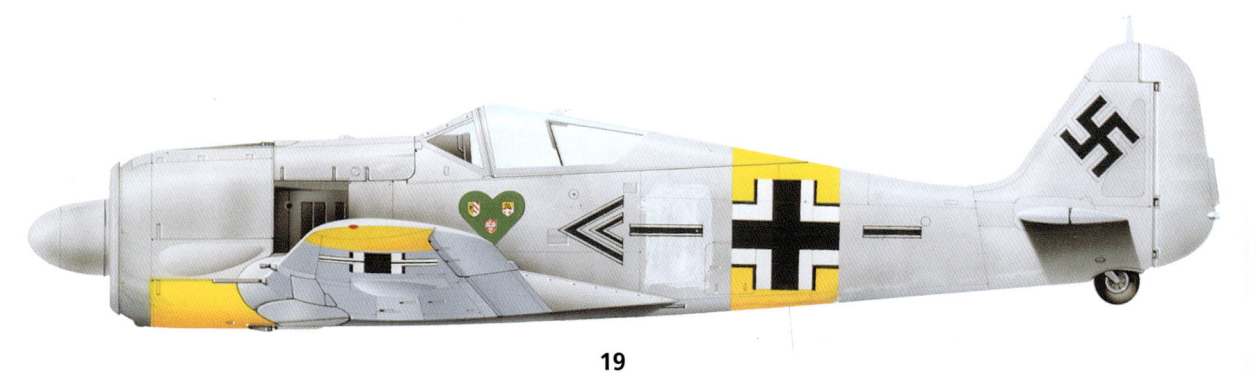

19
Fw190A-4 「黒のダブル・シェヴロンとバー」 1943年2月
クラスノグヴァルデイスク JG54司令 ハンネス・トラウトロフト中佐

20
Fw190A-4 「白の9」 1943年2月 クラスノグヴァルデイスク
Ⅰ./JG54 カール・シュネラー軍曹

21
Fw190A-4 「白の10」 1943年春　クラスノグヴァルデイスク
1./JG54中隊長　ヴァルター・ノヴォトニー少尉

22
Fw190A-4 「白の2」 1943年春　クラスノグヴァルデイスク
I./JG54　アントーン・デベーレ曹長

23
Fw190A-5 「黒の5」 1943年春の末　シヴェルスカヤ
II./JG54　マックス・シュトッツ中尉

24
Bf109G-4/R6 「黒の6」 1943年5月　オルデンブルク　III./JG54

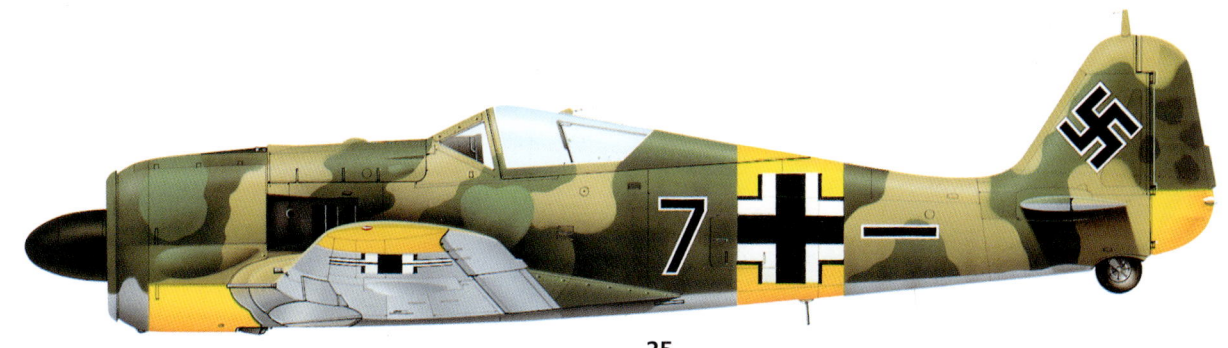

25
Fw190A-5 「黒の7」 1943年5月 シヴェルスカヤ
Ⅱ./JG54　エーミール・ラング少尉

26
Fw190A-5 「黒の12」 1943年5月頃 シヴェルスカヤ　5./JG54
ノルベルト・ハニヒ士官候補生

27
Fw190A-6 「白の12」 1943年9月 シャタロヴスカ-オスト
1./JG54中隊長　ヘルムート・ヴェトシュタイン少尉

28
Fw190A-6 「黒のダブル・シェヴロン」 1943年11月
ヴィテブスク　Ⅰ./JG54飛行隊長　ヴァルター・ノヴォトニー大尉

29
Bf109G-6 「黄色の1」 1944年2月 ルトヴィヒスルスト
9./JG54中隊長 ヴィルヘルム・シリング中尉

30
Fw190A-8 「黒の5」 1944年6月 ヴィラクーブレ Ⅲ./JG54

31
Fw190A-6 「黒のダブル・シェヴロン」 1944年6月 インモラ
Ⅱ./JG54飛行隊長 エーリヒ・ルドルファー大尉

32
Fw190A-8 「白の3」 1944年7月 ラブリン 10./JG54中隊長
カール・ブリル中尉

33
Fw190A-6 「白のシェヴロンとバー」 1944年7月 ドルパト
エストニア JG54司令 アントーン・マーダー中佐

34
Fw190A-6 「黄色の5」 1944年9月 リガ-スクルテ
I./JG54 オットー・キッテル中尉

35
Fw190A-8 「白の1」 1944年9月 リガ-スピルヴェ
1./JG54中隊長 ハインツ・ヴェルニッケ少尉

36
Fw190A-8 「黒の6」 1944年11月 メルティッツ IV./JG54

73

37
Fw190A-8 「黒のダブル・シェヴロン」 1944年11月
I./JG54飛行隊長　フランツ・アイゼナハ大尉

38
Fw190A-8 「白の12」 1944年12月　シュルンデン
1./JG54中隊長　ヨーゼフ・ハインツェラー中尉

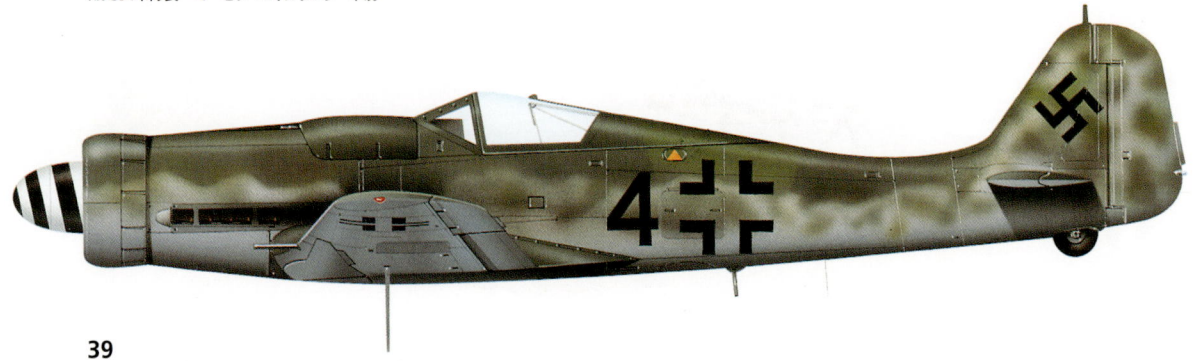

39
Fw190D-9 「黒の4」 1944年12月　ファレルブッシュ　III./JG54

40
Fw190A-9 「黄色の1」 1945年2月　リバウ－ノルト　6./JG54中隊長　ヘルムート・ヴェトシュタイン大尉

41
Fw190A-8 「黒の12」 1945年3月 エッガースドルフ Ⅲ./JG54

42
Fi156C 「SB+UG」 1943年2月 クラスノグヴァルデイスク Ⅰ./JG54

43
Go145A 「PV+HA」 1941年8月 サルディニエ Ⅱ./JG54

44
Kl35D 「BD+QK」 1942年8月 シヴェルスカヤ Ⅲ./JG54

1
JG54 'グリュンヘルツ'
Bf109E、F、GとFw190Aのコクピットの縁の下の方に描かれた。

2
Ⅰ./JG54
Bf109E、F、Gの風防の下と、Fw190のカウリングに描かれた。

3
1./JG54
Bf109E/Fのコクピットの縁の下方に描かれた。

4
2./JG54
Bf109Eの風防の下と、Fw190Aのカウリングに描かれた。

5
3./JG54
Bf109E/Fのコクピットの縁の下方に描かれた。

6
Ⅱ./JG54
フィアットCR.32、Bf109C、D、E、F、Gの風防の下と、Fw190Aのカウリングに描かれた。

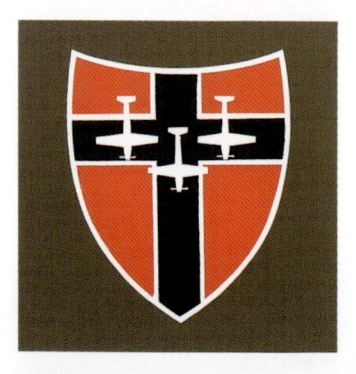

7
Ⅲ./JG54
Bf109D、E、F、Gのカウリングまたは風防の下と、Fw190Aのコクピットの縁の下方に描かれた。

8
7./JG54（1940-42）
Bf109E、F、Gのカウリングに描かれた。

9
7./JG54（1942-43）
Bf109Gのカウリングに描かれた。

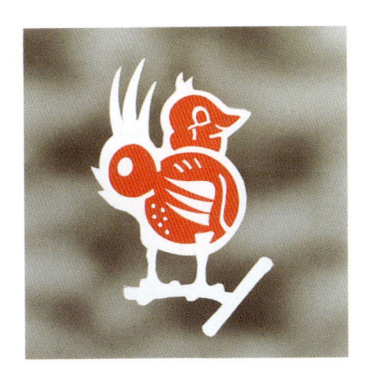

10
8./JG54（元2./JG21）
Bf109D、E、F、Gのカウリングに描かれた。

11
9./JG54
Bf109E、F、Gのカウリングに描かれた。

12
Ⅳ./JG54
Bf109Gの風防の下に描かれたと思われる。

13
Ⅳ./JG54（1944）
Fw190Aのカウリングに描かれた。

14
10./JG54（後に13/JG54）
Fw190Aのコクピットの縁の下方に描かれた。

15
3./JG21
Bf109D/Eのカウリングに描かれた。

16
Ⅰ./JG54
フベルトゥス・フォン＝ボニン大尉の個人エンブレム。

17
Ⅰ./JG54
ラインハルト・ザイラー中尉の個人エンブレム。

18
Ⅲ./JG54
エルヴィーン・ライカウフ少尉の個人エンブレム。

そして9月の末にはもうひとり、JG54の'100機撃墜'（ツェントゥーリオ）が生まれた。9月26日に'バイッサー'（喰いつき野郎）'・バイスヴェンガーが100機めを撃墜し、4日後にその戦績に対して騎士十字章柏葉飾りを授与された。

9月の終りには、地上戦闘の焦点はふたたび南寄りのデミヤンスク地区に移った。しかし、地上の戦場がどちら寄りに移っても、その上空で行動する可動機90機のJG54に実質的な影響はなかった。彼らは兵力と自信を増してきているソ連空軍と正面から戦い続けた。その先の数週間も、それまで同じく好調と不調が交錯するさまざまな戦いと、それと秤にかけられる損害が続くはずであり、その後にはあのおそろしいロシアの酷寒がやってくるはずだった。

10月6日、'グリュンヘルツ'は部隊の中の真にすばらしい才能をもつ人物のひとりを失った。スキー滑走競技の世界チャンピオン、アントーン・'トニ'・プファイファー伍長がイリメニ湖の南東方上空での格闘戦で戦死したのである。その翌日、同じ空域で、ヨアヒム・ヴァンデル大尉が彼の75機目で最後の戦果となったLaGG-3 1機を撃墜した後、同じ運命をたどった。'グノーム'・ヴァンデルの第5中隊はその後の1カ月、ホルスト・ハニヒ少尉が中隊長代理として指揮をとり、11月11日に後任の中隊長、シュタインドル中尉が着任した。

JG54では10月に指揮官の移動がいくつかあったが、その動きの前に第9中隊のヴィルヘルム・シリング軍曹（最終階級は中尉）が46機撃墜の功績に対して騎士十字章を授与された。この航空団で10月の唯一の受勲者だった。彼は9月16日に重装甲のIℓ-2シュトルモヴィークを撃墜した——彼の46機目の戦果——時に、対空射撃によって重傷を負い、中隊長ボプの中隊は10月10日のベッドに寝たままのシリングに十字章を授与した。

1年にわたって1./JG54中隊長だったハインツ・ランゲ中尉が、10月25日、南隣りの中部戦域の3/JG51の中隊長に転出した。後任の第1中隊に任じられたのは精力的に行動するヴァルター・ノヴォトニー少尉だった。

ランゲの転出から2日後、II./JG54から前年8月以来の飛行隊長、ディートリヒ・フラバク少佐が去って行った。彼は1938年にこの飛行隊がI./JG76として編成された時以来のメンバーだった。少佐は南部戦域のJG52司令に栄転したのである。フラバクの後任のII./JG54飛行隊長——着任は11月19日まで遅れた——は海峡沿岸での'腕達者'であり、柏葉飾りを受勲しているハンス・'アッシ'・ハーン大尉である。彼は大戦勃発以来、JG2'リヒトホーフェン'で戦い、1940年10月からはその第III飛行隊長として戦っており、東部戦線の経験はまったくもっていなかった。

'グリュンヘルツ'にとって1942年の冬は二度目の経験であり、装備や機材の類も含めて他の部隊より準備が整っていたが、やはり厳しい天候のために作戦行動のペースはある程度低下した。しかし、その自然条件の下でも、見事な戦い振りを見せる者もあった。第II飛行隊の先任下士官、マックス・シュトッツ曹長はそ

フラバクの後任の第II飛行隊長、ハンス・ハーン少佐は、JG2'リヒトホーフェン'で68機撃墜を記録した海峡戦線の腕達者だった。1943年1月26日までに彼はロシア線線での戦果32機を加えて、100機撃墜に達した。これは、その夜にリェルビィツィ村の将校食堂で開かれた祝賀会の場面である。ハーン（左端）の隣りは、この日に150機撃墜を達成したマックス・シュトッツ少佐、その右側はスコア131機のハンス・バイスヴェンガー中尉である。写真の右上の隅にはガランド少将のポートレートが見える。おもしろいことに、'アッシ'・ハーンは右袖に、いまだにリヒトホーフェン航空団の袖飾りをつけている。

JG54ではFw190への機種変換が始まった。後方の機のカウリングにはグリュンヘルツが描かれている。いささか奇妙なことに、この機の胴体後部には第III飛行隊の記号、垂直のバーがついている----慣熟訓練（エクスペルテ）を早く進めるために、JG51の機を借りてきたのかもしれない。

の例である。彼は10月29日に'100機撃墜'を達成した（この戦功に対して、翌日に騎士十字章柏葉飾りを授与された）。シュトッツが合計戦果を50機から100機まで延ばすのには4カ月半が必要だったが、その先の50機撃墜は3カ月足らずのうちに──しかも、厳しさを増してゆく極地の自然条件の下で──達成したのである。

JG54では11月に2名のパイロットが騎士十字章を授与されたが、いずれもレニングラード上空での戦死者への死後授与となった。11月3日に授与された第3中隊のペーター・ジーグラー軍曹は、9月24日にレニングラードのドック地区での空戦で戦死していた。彼の撃墜戦果は48機だった。2人目の受勲者、第8中隊のハンス-ヨアヒム・ハイアー少尉は、11月9日にソ連の戦闘機と空中接触し、行方不明となっていた。その16日後、11月25日に受勲した彼の戦績、53機撃墜の中には、トラウトロフトが実験的に始めた夜間戦闘（ナハトヤークト）での撃墜6機が含まれていた。

1942年の間にJG54では12人が騎士十字章を授与されたが、その11人目は年末に近い23日に授与された第2中隊のハンス・ゲッツ中尉である。確認撃墜は48機であり、11日の受勲者2名とは違って隊員たちの祝福を受けることができた。

1942年いっぱい、'グリュンヘルツ'は北部戦域の防御のために間断なく戦い続けた。12月30日には、イリメニ湖の南、デミヤンスク-スタラヤ・ルッサ地区の上空で一連の激烈な空戦が発生し、これがJG54のこの年の最後の戦闘となった。この日、下士官パイロット3名戦死という損害はあったが、JG54の高位のエース、そして高位の受勲者4人は各々、撃墜戦果を一段と高めることができた。

バイスヴェンガー中尉は4機撃墜によって合計を119機に延ばした。'アッシ'・ハーン大尉はそれより1機多い5機を撃墜し、東部戦線に移動してきた後の6週間のスコアは10機まで延び、西部戦線以来の合計戦果は78機になった。この日のフィリップ大尉の撃墜はそれより一段高い8機であり、通算戦果は130機になった。そして、今や将校に昇進していたマックス・シュトッツ少尉はフィリップを越える戦果をあげた。この日の彼の確認撃墜戦果は実に10機に達したのである。これによって彼の合計スコアは一挙に129機に跳ね上がり、100機撃墜から次の大台である150機に進むまでの半ばを越えた。そして、彼は翌年の1月26日に150機撃

1943年1月に最初のフォッケウルフ数機がクラスノグヴァルデイスクに到着した。上空ではFw190 1機がゆうゆうと飛んでいるが、地上ではくたびれた感じのグスタフが、次の出撃のためにエンジンを回し始めている。

上空から見たクラスノグヴァルデイスク飛行場。さびしい気なBf109が1機だけが寒さの中に取り残され、新顔のFw190は何機も格納庫の前のエプロンに威勢良く並んでいる。

ロシア戦線での活躍の時期は終りに近づいていたが、第Ⅲ飛行隊のグスタフは今日も滑走開始点に向かって移動滑走して行く……

墜を達成した。

1942年の年初からJG54の作戦行動の様相が変った。バルト海沿岸3国を通って急速に前進した1941年の戦況は、1942年に入るとヴォルホフ戦線とデミヤンスク戦線上空での防御的な態勢に変化し、1942年の末にはもっと重大な変化の兆しが現れた。そして、その変化はこの航空団の歴史の残りの30カ月にわたって続くパターンとなったのである。1943年の初めの数週間のうちに新型戦闘機への機種転換が行なわれ、新しい顔ぶれが部隊に到着し、1個飛行隊が完全に'姿を消し'、その後に別の飛行隊が新編された。

もっと特徴的だったのは、敵の戦力が常に増大し続けたために、JG54が新しい任務、'空飛ぶ消防隊'の任務を背負うようになったことである。戦線のどこかで重大な敵の圧力を受けている部分があれば、それがどこであっても即刻対応して分遣隊を送り込んだ。派遣は短期で終ることもあり、長期間にわたることもあった。ソ連軍の圧力が高まるにつれて、よく目立つ'グリュンヘルツ'のマークをつけた戦闘機が、北はフィンランド、南はクリミアまで、長い東部戦線の全体にわたって姿を現すようになった。

1943年1月6日、この航空団の戦果レースのトップを走る2人、ハンス・フィリップとマックス・シュトッツは各々3機と4機を撃墜し、両者は133機のタイ・スコアで並んだ。その6日後、ソ連軍はふたたびヴォルホフ戦線で攻勢作戦を開始した。レニングラード包囲線を崩すことを狙ったのである。この日、'フィプス'・フィリップは敵機7機を撃墜し、彼の個人戦果を146機に延ばした。そして、1月14日には、I./JG54が合計30機を撃墜した。そのうちの2機が飛行隊長、フィリップ大尉の戦果であり、これによって彼は'グリュンヘルツ'で最初に150機撃墜を達成した。

……グスタフの爆音の名残は、やがて全開状態のBMW空冷エンジンの低く響く爆音にかき消されて行った。Bf109とFw190の脚柱と車輪の相違に注目されたい。後者は前者と違って幅広い間隔に配置され、十分に整備されていないロシア戦線の飛行場に適していた。

Fw190は優れた戦闘機ではあったが、すべての条件について勝っているとはいえなかった。このハルムート・ブラント伍長の乗機、「黒の2」は1943年1月16日にラドガ湖の氷結した湖面に不時着し、ソ連軍に捕獲された。

しかし、1月の2人の騎士十字章受勲者は他の2つの飛行隊から出た。22日に5./JG54のルートヴィヒ・ツヴァイガルト軍曹が確認戦果54機に対して授与された。その2日後には、偵察機部隊から転任してきた第7中隊のフリードリヒ・ルップ少尉が50機撃墜に達して受勲した。そして、1月26にはマックス・シュトツツが150機目の戦果をあげ、ハンス・バイスヴェンガーが131機目を撃墜し、'アッシ'・ハーンは100機撃墜を達成した。

　高く飛ぶパイロットたち（撃墜の上でも、実際の高度の上でも）が上の方で、大鎌による草刈りのようにソ連空軍の編隊に襲いかかる一方、同じ航空団の別の編隊は低い高度で同様に重要な戦い——ソ連の地上部隊と補給線に対する爆撃と機銃掃射による対地攻撃——を着実に展開していた。

　地上の攻撃目標は豊富にあった。部隊の集結地、機甲部隊、輸送車両隊列、鉄道と列車などである。勿論、冬になって停止した船による輸送に代るラドガ湖上の氷上道路による輸送もそのひとつだった。地上攻撃で最も高い戦果をあげたのはI./JG54の飛行隊副官、エトヴィーン・ドゥテル中尉だった。彼は'ヤーボの王様'（ヤーボ・ケーニッヒ）というニックネームで呼ばれ、彼のための特別の'ヤーボ小隊'（ヤーボ・シュヴァルム）を率いて出撃していた。

　'氷上道路'に対して使用された兵器の中には石油爆弾（石油と爆薬を詰めたタンク）と大直径の破砕爆弾もあった。しかし、前者によって溶けた氷の穴はすぐにふたたび凍ってしまい、後者によってできた大きな破孔は難なく迂回された。

　もっと効果的だったのはバルバロッサ作戦初期に大量に使用された重量2kgの対人・対ソフトスキン車両用の小型爆弾、SD-2（連合軍側での通称は'バタフライ'）である。白く塗装されたSD-2は雪の上で見分け難く、地雷のように強烈に爆発した。

　ある日、氷結したラドガ湖の上でさらに凄惨な戦闘があり、それはひとりのパイロットの記憶に鮮明に残っている。ソ連軍は夜の闇に隠れて、湖の東岸のソ連側地区の最も低い地点からレニングラードに至る氷上ルート——幅は狭いが、距離は以前のものより短かった——を造った。

　すぐに部隊移動を強行し、その夜のうちに隊列が防御のない新しいルートを通過し終るように計画されていたと思われるが、ドイツ軍は早朝の偵察飛行により氷上道路上に隊列を発見した。終りが見えないよ

1943年2月19日、'グリュンヘルツ'の4000機撃墜達成の祝賀会が開かれた。テーブルに並んでいるのは左から右へ、オットー・キッテル軍曹、トラウトロフト少佐、ハンス・フィリップ大尉。

肥満タイプのハンス・ハーン少佐が整備員の助けを受けて、グスタフの狭いコクピットに身体を詰め込もうとしている。この機——またはこれと同じマーキングの機——に乗った'アッシ'・ハーンは、1943年2月21日にソ連軍戦線内に不時着し、それから7年近くの長い年月、捕虜生活を送った。

Fw190はさまざまな電気システムが採用され、ドイツの最新技術が盛り込まれた戦闘機だった……

うに続いた6列縦隊の兵員が必死になって西岸に向かって急行軍していた。ただちに戦闘機隊が地上掃射のために出撃した。氷上の道路――両側には、掻き除けられた雪が高い堤防のように続いていた――は見る間に、'血が流れていく河'のようになった。

　このような不手際もあったが、ソ連軍のレニングラード解放のための攻勢作戦は、少なくとも部分的には成功した。ラドガ湖の南端に面した昔の城塞、シュリュッセルブルク――1941年の秋以来、ドイツ軍が占領していた――を奪回し、細いながらもレニングラードまでの陸路連絡を回復した。しかし、この湖岸沿いの回廊の幅をもっと拡大しようとする試みは失敗に終り、その後、この地区の状況は1944年1月までほぼ変化がなかった。

　ソ連軍の攻勢作戦が開始される前から、I./JG54は空冷星形エンジン装備のフォッケウルフFw190への装備転換を始めていた。この頑丈なボクサーのような新型戦闘機は、冬のロシアの過酷な条件に対してBf109よりも耐える能力が高かった。第I飛行隊は一時期に1個中隊ずつを交替で東プロイセンのハイリゲンバイルに後退させ、機種転換を実施した。

　この新型戦闘機の最初の数機は1943年1月の初めにクラスノグヴァルディスク基地に到着し、それからあまり日が経たないうちに最初の1機損失が発生した。2./JG54のヘルムート・ブラント伍長が1月16日、ラドガ湖の上空、シュリュッセルブルクに近いあたりでソ連空軍第158連隊の戦闘機4機と空戦を交えた後、湖の氷の上に不時着したのである。2月1日にはそれと同じ空域で、第3中隊のギュンター・ゲッツ中尉とカール・クルカ伍長が行方不明になり、2機が喪われた。

　これらの損失から間もなく、JG54の兵力には大きな変化があった。12月以来、北方軍集団の担当地域境界の南、スモレンスク周辺で戦っていたラインハルト・ザイラー大尉指揮の第III飛行隊全体が第4中隊とともに2月の初旬に、東部戦線からフ

……しかし、ここには昔からのやり方が一番適している仕事もあった。ロシアでは農作業用の小型の馬が、夏は荷車、冬は橇を曳いて働き、日常生活に不可欠（飛行場でも？）なものだった。

ぴかぴかの新品だった第I飛行隊のFw190は、数週間のうちに前の代のグスタフと同様に、隅々まで汚れてくたびれた様子になった。これはクラスノグヴァルデイスクの混み合った駐機地区。1943年初めに撮影された。

薄汚れてはいるが、殺傷力は高い！ 3月7日、I./JG54のFw190の群れはソ連機を59機撃墜した。この日、第1中隊長ヴァルター・ノヴォトニー少尉も戦果をあげた。これは彼の「白の1」が出撃から帰還してきた姿である。この機は以前、別のパイロットの乗機だったことが読み取れる——胴体の黒十字の前の機番を二桁数字を塗りつぶした跡に「1」が書かれ、十字標識の後方の第II飛行隊の記号、水平のバーも塗り消されている。

ランス北部に向かって移動したのである。その後、この飛行隊は西側連合軍の航空部隊のみを相手として戦い、終戦を迎えることになった。この移動と入れ換えに、フランス北部からI./JG26と7./JG26がロシア戦線北部に移動してきた。

2月19日、JG54はもうひとつ新たなマイルストーンに到達した。オットー・キッテル軍曹が航空団の4000機目の撃墜戦果をあげたのである。しかし、そのような栄光には代償が伴うことが多い。この戦果から2日後、第II飛行隊は飛行隊長ハンス・ハーン少佐を失った。彼の乗機、Bf109G-2のエンジンが停止し、デミヤンスク突出部（この地区の地上部隊の段階的な撤退がこの日に開始された）に近い敵の戦線内の樹林地帯に不時着したのである。

'アッシ'・ハーンの生来の強い気力は戦闘機隊全体に広く知られていた。彼は持ち前の不屈の精神力によって、7年間にわたるソ連での過酷な捕虜生活を生き抜くことができたのである。捕虜になったすぐ後に、彼はティモシェンコ元帥（この時期のソ連軍北西部戦線最高司令官）に呼ばれて面談したが、鄭重な取り扱いはここで終った。彼は4月にボロヴィチの捕虜収容所から脱走しようと試み、その罪により8月に死刑の宣告を受けた。モスクワのルビヤンカ刑務所の死刑囚監房に収容された彼は、その後に減刑されたが、'ドイツ解放国民委員会'——ソ連軍に協力する立場を取って活動していたドイツ人捕虜の組織——に参加することは拒否し続けた。1944年6月、ハーンは悪名高いイエラブガ犯罪人キャンプの第VIブロックに送り込まれた。終戦の数週間前、彼は初めて秘密警察の拷問を受け、そのため入院看護が必要な状態になった。それでも彼は最終的に、1950年のクリスマスのすぐ前にドイツに帰国することができた。

ハーンの後任としてⅡ./JG54飛行隊長に選ばれたのは、1940年11月以来の'グリュンヘルツ'の隊員であり、長らく第4中隊長として戦ってきたハインリヒ・ユング大尉である。それから2週間も経たないうちに、第6中隊長ハンス・バイスヴェンガー中尉——彼も1940年秋以来の隊員だった——が戦列から姿を消した。3月6日、バイスヴェンガーは小隊編隊(シュヴァルム)を率いて離陸した。任務はイリメニ湖の南、スタラヤ・ルッサ-ホルムの幹線道路沿いの空域のフライ・ヤークトである。2番分隊の長機の位置についていたゲオルク・ムンダーロー伍長は次のように語っている。

「指示されていた作戦地区上空に到着すると、Il-2 15機と護衛のLaGG-3、15機から20機ほどが目に入った。私はすぐに敵機発見をバイスヴェンガーに通報した。敵味方双方、真正面から高速で接近して行った。私の分隊はやや前の位置、バイスヴェンガーと彼の列機はやや高く、我々の横の位置だった。私は中尉の許可を得て攻撃を開始した。最初の一航過で私はLaGG-3 1機を撃墜し、バイスヴェンガーはそれを視認したとラジオで通報してくれた。それから後、彼の機は見えなかったし、ラジオ交信も入ってこなかった。彼も戦闘に入ったのに違いない」

　二度目の攻撃航過でムンダーローは次のLaGGを撃墜(彼の20機目の戦果)したが、その直後に別の敵機と空中接触した。彼の乗機のエンジンは停止し、敵戦線内に不時着する以外に途はなかった。捕虜になった彼は、この戦闘に参加したソ連のパイロットたちから、彼の機の外にもう1機、ドイツ機を撃墜したという話を聞いた。

　これがバイスヴェンガーの乗機だった。彼は2機を撃墜(これによって、彼の最終撃墜戦果は152機となった)した後、10機の敵に襲いかかられた。最

第Ⅰ飛行隊の隊員は整列して、本土防空の最精鋭部隊、JG1の司令の職に異動する彼らの飛行隊長、ハンス・フィリップ大尉(右)を見送った。この式で訓辞を述べたトラウトロフト司令(左)も、その後間もなく'グリュンヘルツ'を離れることになった。

I./JG54の特別部隊、ヤーボ小隊のFw190戦闘爆撃機。この小隊を指揮していた飛行隊副官、エトヴィーン・ドゥテル少尉——'ヤーボの王様'——の乗機もこの機(「白の1」または「I」)と同じような塗装だった。彼は4月9日、シュリュッセルブルグ付近の戦闘で行方不明になった。

後に視認された彼の「黄色の4」は、エンジンの回転が緩くなり、低い高度に下がり、何とか味方の戦線までたどり着こうと頑張っていた。

一方、第I飛行隊は彼らの新しい装備、フォッケウルフの高性能の威力を大いに発揮していた。2月23日には、味方の損害なしでソ連機34機を撃墜する大戦果をあげた。そのうちの7機はフィリップ飛行隊長の戦果であり、彼の個人のスコアは180機に達した。3月の初めまでに、行き詰まり状態のレニングラード戦線から南の方のスタラヤ・ルッサ周辺に移動していたI./JG54は、3月7日にもっと高い戦果を記録した。この日、確認撃墜戦果59機をあげ、ふたたび味方の損害は皆無だった。

戦果をあげた者の中にはハンス・ゲッツ（63機目）とヴァルター・ノヴォトニー（66機目）も入っていた。この日には航空団本部小隊のFw190も出撃し、トラウトロフト司令が彼自身の53機目の戦果をあげた。しかし、多くのパイロットたちのさまざまな活躍も、'フィプ'・フィリップの大戦果の前ではやはり影が薄くなった。彼は9機を撃墜し、個人戦果スコアを189機に高めたのである。

3月14日、JG54に新たな騎士十字章受勲者ふたりが生まれた。そのひとり、ヘルベルト・ブロエンレ曹長は英国本土航空戦の時期に第4中隊に配属され、その後、レニングラード上空で重傷を負った。彼は57機撃墜の功績に対して十字章を授与された。その先の戦果は、地中海戦線の2./JG53に転属した後に撃墜した米軍のB-24 1機のみであり、7月4日にシチリア島上空での空戦で戦死した。

もうひとりの受勲者、ギュンター・フィンク中尉は46機撃墜の戦果に対して授与された。彼はトラウトロフトが試みた'臨時の夜間戦闘機'戦闘で第2位、9機撃墜の戦果をあげていた。この時、第8中隊長として西部戦線で戦っていた彼は、受勲から1ヵ月あまりの5月15日、北海上空での米軍のB-17の編隊との戦闘で戦死した。最終撃墜スコア56機はすべてロシア戦線であげたものと思われる。

このような戦況の中で、ハンス・フィリップの戦果の延びは止まる所がないように見えた。3月17日、彼の26回目の誕生日に、彼は4機を撃墜して合計を203機に延ばした。この戦果数はドイツ空軍全体の戦闘機パイロットの新たな最高記録となった！　JG52の第9中隊長ヘルマン・グラーフ中尉（最終階級は大佐）は1942年10月2日にドイツ空軍で初めて200機撃墜を達成したが、ただちに戦闘出撃停止の措置を受け、戦果はそこで止まっていた。

'フィプス'・フィリップは4月1日にJG1——本土防空任務の戦闘航空団——の司令に任じられた。彼はこれまでとまったく異なった航空戦に直面することになった。欧州西部の防空戦で戦うようになったフィリップは、長年にわたる上司であり、友人だったJG54司令ハンネス・トラウトロフト中佐への手紙に次のように書いている。

「我々にわずかでも噛みついてやろうと狙ってくるロシア機との戦いでは、相手が200機ほどであっても愉快なものです。敵がスピットファイアであっても

フィンランドの飛行場に並んだ第5中隊のグスタフ。1943年4月の撮影。パイロットたちの姿は見えない。ここはマルミ空港の縁の駐機場であるようだ。そうであれば、パイロットらは早々とフィンランドの首都での豪華な夕食のためにでかけたのかもしれない。

同様に愉快でしょう……しかし、70機ほどのボーイング・フォートレスの編隊に向かって攻撃旋回コースに入る時には、これまでの自分の罪深い所行のすべてが速回しの映画のように閃きながら目の前を流れて行きます」

　これは予言的な言葉だった。ハンス・フィリップ中佐は10月8日、オランダ国境に近いノルトホルン周辺で彼の206機目、そして最後の戦果となるB-17 1機を撃墜した後、護衛のサンダーボルトの群れとの空戦で戦死した。

　フィリップがⅠ./JG54から転出すると、ラインハルト・ザイラー大尉は西部に移動して間もないⅢ./JG54飛行隊長の職をただちに離れてロシア戦線にもどり、フィリップの後任の第一飛行隊長となった。ザイラーが着任した時、ロシア戦線北部は春には珍しい悪天候に見舞われていた。

　この時期、主要な地上戦闘は戦線中部沿いで展開され、ソ連軍はこの地域で重要なヴィヤジマの要塞を奪還し、モスクワに対する脅威の最後のひとつを取り除いた。しかし、JG54の第Ⅰ、第Ⅱ飛行隊は天候が許す限りレニングラード上空に出撃し続けた。

　4月に入ってもいつものように、戦運に恵まれた者と不運な者が混り合っていた。この月の戦死者の中には'ヤーボの王様'エトヴィーン・ドゥテルも入っていた。彼は9日にシュリュッセルブルクの南東方での低空作戦行動中に撃墜されたのである。その1週間後、ハンス・アデマイト少尉が53機撃墜の戦功に対して騎士十字章を授与された。彼は1940年以来の隊員だった。'グリュンヘルツ'に長く在籍していたパイロットの中の何人か——その中で最も目立っているのはオットー・キッテルだった——と同様に、アデマイトはBf109を操縦して戦っている間、高い戦果をあげることができなかった。彼の技量の真価が明らかになったのは部隊がFw190装備に転換した後であり、それから彼の撃墜戦果はぐんぐん伸びた。

　4月にはふたたび短期のフィンランド派遣が実施された。この時の派遣の目的はラドガ湖の水上輸送に対する攻撃ではなく、フィンランド湾湾口を横断して敷設された防潜網防護のためのパトロールだった。

　このバリアはエストニアのタリンからフィンランド沿岸、ヘルシンキの西方のポルクカラまで延びていた。ソ連の潜水艦がバルト海水域で行動するとドイツとフィンランドの輸送船団が危険に曝され、ドイツ海軍の潜水艦訓練の水域が脅かされるので、これをフィンランド湾内に封じ込めて置くために、この前の冬に防潜網が敷設されたのである。

　第5中隊のグスタフの1個小隊が選ばれ、早急にこの任務を日常作業として実施するようにせよと命じられた。この小隊は防潜網に対するソ連海軍の行動を抑えるためにパトロールを続けた。パイロットたちはこの任務の一日が終った後、ヘルシンキ空港で1泊できるようなスケジュールを編み出した。この空港は5年前に開港されたばかりであり、タクシーに乗ればすぐにすばらしい楽しみが溢れているフィンランドの首都に行くことができた。

　第Ⅰ、第Ⅱ飛行隊の大部分のパイロットたちにとっては、ヘルシンキのナイト・ライフが頭に浮かぶことはほとんどなかった。彼らの毎日の生活は、兵力を増して行くソ連空軍との連日の戦いだった。敵の航空攻撃は弱まることなく続いた。しかし、5月に入って北部戦線でのソ連軍の地上作戦が緩やかになると、ドイツ空軍第1航艦は敵の戦線後方の補給線に目を向け始めた。

　第1航艦司令官コルテン大将は指揮下に残されていた爆撃機と急降下爆撃機の部隊——KG53の80機あまりのHe111とⅠ./StG5の40機ほどのJu87

ラインハルト・ザイラー少佐はツィタデレ作戦の2日目に重傷を負い、これでJG54での長い期間にわたる彼の戦いは終りになった。彼はクルスク作戦より前、英国本土航空戦でも負傷している。しかし、'ゼップル'・ザイラーはその外に少なくとも一度は負傷したことがあるはずである。これは彼が大尉だった時期の写真だが、彼は左の胸の鉄十字章の下に銀の'負傷名誉賞'——国防軍の将兵の中で三度か四度負傷した者に授与される——をつけているからである。

——によって、ヴォルコフ戦線後方のソ連軍の鉄道と物資集積所に対する攻撃を開始し、JG54の戦闘機は攻撃部隊の護衛に当たった。ラドガ湖上の補給輸送船舶と湖の東岸と、南岸の港も爆撃の目標とされた。

　この後者の目標のひとつ、ノヴァヤ・ラドガの上空で1./JG54中隊長、ヴァルター・ノヴォトニー中尉が6月15日に個人戦果100機撃墜を達成した。その9日後、24日には、ヴォルコフ河沿いの2回のフライ・ヤークト出撃で10機を撃墜し、彼の個人スコアは124機に達した。

　ノヴォトニーはマックス・シュトッツとともに、即座に6週間の本国休暇を与えられ、戦線を離れるように命じられた。彼は遅れ気味に騎士十字章を授与された後も、'喉のひりひり'（ドイツ空軍のスラング。襟元につける高位の勲章を得ようとする強い願望を意味する）の病が治らなかったのは明らかであり、休暇に出発する前に自分の戦闘記録ノートに口惜し気に書き込んだ——「柏葉飾りをもらえると期待していたのだが、駄目だった！」。

　6月の半ばには、ユング大尉の第II飛行隊もFw190への装備転換を完了した。その間も依然として、レニングラード戦線でソ連の補給線を遮断しようとする作戦行動は高い優先度で進められた。最も重要な目標の中にはヴォルホフ河を越える鉄道橋（複数）——今や戦線から50km後方になっていた——も含まれていた。これらの重要なボトルネックを、ムガ周辺の森の中に引き入れた列車砲で破壊しようと試みられたが、効果はあがらなかった。そこで、鉄道橋破壊の任務は第1航艦に回された。

　一連の爆撃作戦が実施され、その最初の回にはI./StG5のシュトゥーカ護衛のフォッケウルフ2個小隊が出撃した。しかし、各々の回の作戦効果確認偵察によって鉄道橋（複数）が破壊されていないことが明らかになると、爆撃の兵力と回数が高められて行った。

　ソ連軍も同様に、この補給線の重要性を認識していた。そして、この作戦の最後となった8回目の爆撃の時までに、目標の周辺にはさまざまな口径の対空砲が1000門近くも配置されるようになった。そして第1航艦は可動状態の爆撃機全機を出撃させ、JG54は2個飛行隊を飛ばせて護衛に当たった。作戦に参加したあるパイロットがドライな口調で語っている——「部隊の全機が並んで飛んだ。まるで毎年のナチ党大会のパレード飛行みたいだった。でも、あの頃のように愉快な気分にはなれなかったのだがね」。

　ビアリッツの2./EJ.Gr-Westから第5中隊に移動してきたばかりのノルベルト・ハニヒ士官候補生——前に登場したホルスト・ハニヒ少尉とは関係はない——は、これらの作戦に参加した時の模様を次のように語っている。

　「私はクサーヴァー（クサーヴァー・ミューラー軍曹）の列機の位置で飛んだ。彼は小隊編隊長として実績があり、彼の小隊はHe111の先頭編隊の近接護衛の任務についていた。我々は爆撃機の前方、やや上の高度で緩やかなジグザグを繰り返して飛んでいた。編隊は高度5000mで南から目標に向かっており、爆撃機のキャノピーのガラスの下で乗員たちが明るい陽の光を浴びているのが、我々にははっきりと見えた。我々の前方、2000mほど下の高度にはJu87の編隊が飛んでいた。

　「シュトゥーカが攻撃に移る直前に、文字通り地獄のような対空射撃が始まった。機関砲の曳痕弾の尾がくもの巣のように拡がり、大口径の高射砲弾が黒いきのこのように点々と炸裂し、その煙は流れて行って切れ目のないカーペットのように拡がったが、Ju87は急降下に入ってその雲の中に姿を消した。

「爆撃機が目標に接近すると、対空砲火が我々に迫ってきた。黒い煙のかたまりと炸裂の火炎があたり一面に拡がり、無煙火薬の燃焼ガスの強い刺激臭が酸素マスクにも入ってきた。太陽は濃い色つきガラス越しに見た時と同様に、血の色に似たまっ赤な円盤のように見えた。その直前まで輝くようにはっきりと見えていたハインケルは、薄暗い煙の雲の中にぼんやりと見えるシルエットになった。もっと近くにいるクサーヴァーの機も同様だった。

「しかし、突然に我々はその雲を通り抜けて、輝く太陽の光の中にもどった。爆撃機は元の編隊のままだった。あれだけの激しい砲火の中で、損害はほとんどなかった。そして、偵察機の報告により、鉄橋は命中弾によって橋桁1カ所が河面に落ちたことが確認された。しかし、補給列車のレニングラードへの運行は停止しなかった。この謎には数日後に答えが出た。

「航空攻撃の合い間を縫って、ロシア人たちは大至急、7kmほど下流の地点で河面すれすれに造られていた橋脚に橋桁を架けてつないだのである。しかし、この時、爆撃機は別の地域での作戦に廻さなければならなくなっており、鉄道攻撃は途中で放棄された」

「別の地域」といわれたのはロシア戦線中部である。クルスク突出部に対する攻勢作戦、'ツィタデレ'（城塞）作戦が間もなく開始されることになっており、空軍の兵力は中部戦域に集められた。7月の初めまでに第1航艦の部隊の大半は、中部戦域担当の第6航艦の指揮下に移された。I./JG54もその移動に含まれ、南下してクルスク突出部の北側の肩の部分に当たる地区のオリョールに配備された。

1942年から43年にかけての冬、スターリングラード攻防戦ではドイツ陸軍第6軍の大兵力が包囲されて降服に追い込まれた。これがロシア戦線の攻防のバランスの転換点だったと見る論者は多い。しかし、実効的な転換点はクルスク突出部攻防戦——世界の戦史上で最大の戦車戦となったが、ヒットラーの明白な命令によって、ドイツ軍はこの作戦で戦車戦を継続できなくなった——である。この作戦以降、ドイツ国防軍はそれまでの侵攻作戦を進める姿勢から作戦不成功とそれに続く撤退が段々に重なる状態に転じ、最終的にベルリンが廃墟になってしまう事態にまで至ったのである。

ツィタデレ作戦は7月5日に開始された。第I飛行隊の可動状態のフォッケウルフ20機余りは、フライ・ヤークトと爆撃機護衛の任務で出撃して、突出部の北の側面沿いの地域で大きな撃墜戦果をあげた。この作戦は7月15日までの11日間で終ったが、I./JG54の人的損害はパイロット9名の戦死または行方不明、負傷2名にのぼった。

飛行隊長ラインハルト・ザイラー少佐は作戦の2日目に100機撃墜を達成したが、彼自身がオリョールとクルスクの中間、ポニリの附近で落下傘降下し、

ハンネス・トラウトロフト中佐は東部査察監の職に異動したが、JG54との関係が切れたわけではない。彼は3年近くも指揮していたこの航空団と密接な連絡を保った。彼はすばらしい指揮官としての資質——部下を大切にし、常に彼らに心を配る——を査察監の新しいオフィスでもそのまま保ち続けた。彼は1944年版の『ホリドー！　戦闘パイロットの射撃の基本』の表紙を彼自身のデザインとイラストで製作した。この航空省の公式の文書——D.(Luft) 5001——には「作戦行動の際は携帯すべからず」と明白に指示されていた。それにはもっともな理由があった……

重傷を負った。その後、'ゼップル'・ザイラーは負傷から十分に回復したが、戦闘飛行任務への復帰は不可と判定された。1944年3月、彼は100機撃墜の戦功に対して柏葉飾りを授与され、8月には訓練部隊であるJG104の司令に任じられ、この航空団が1945年に解隊されるまで指揮に当たった。

7月8日、フランツ・アイゼナハ中尉も負傷した。元は駆逐機パイロットだった彼は、JG54に転任してきた後、1943年5月に3./JG54中隊長に任命された。彼の負傷はザイラーほど重くはなく、間もなく第3中隊に復帰した。しかし、12月にはふたたび負傷し、この時は6カ月にわたって戦列を離れることになった。1944年の夏に第Ⅰ飛行隊にもどってきて、飛行隊長に任命され、大戦の終結まで指揮をとった。

ツィタデル作戦放棄の2日後、7月17日、第Ⅰ飛行隊のヘルムート・ミッスナー軍曹が第二次大戦でのJG54の5000機目の撃墜戦果をあげた。その後、敗戦までの22カ月間にこの航空団の戦果はこれに近い数にのぼるのだが、この時のミッスナーの戦果はこの部隊の戦績の重要な区切りとなった。それ以降、この戦闘航空団の戦いは、ドイツ国防軍全体と同様に、防御的な傾向が段々に強くなって行ったのである。

しかし、それより2週間足らず前、'グリュンヘルツ'にとってもっと重要な変化をもたらす区切りがあった。航空団本部と第Ⅱ飛行隊を率いてクルスク突出部の北側で戦っていた司令、トラウトロフト中佐が、7月6日に部隊を離れ、戦闘機査察総監アードルフ・ガランド少将のスタッフ、東部査察監（インスピツィエント・オスト）の職に転出したのである。

彼はひとりの人間として、彼の個性と名前を他の誰よりも明確にこの部隊に刻み込んだ（JG54は'トラウトロフト戦闘航空団'と呼ばれることが多かった）。このためハンネス・トラウトロフトは、その後の苦しい戦いが続く中でも、'グリュンヘルツ'との密接な連帯関係を持ち続けた。しかし、彼の司令離任の重みはひとつの章の終わり以上のものであり、ひとつの時代が過ぎてしまったといってもよいほどだった。

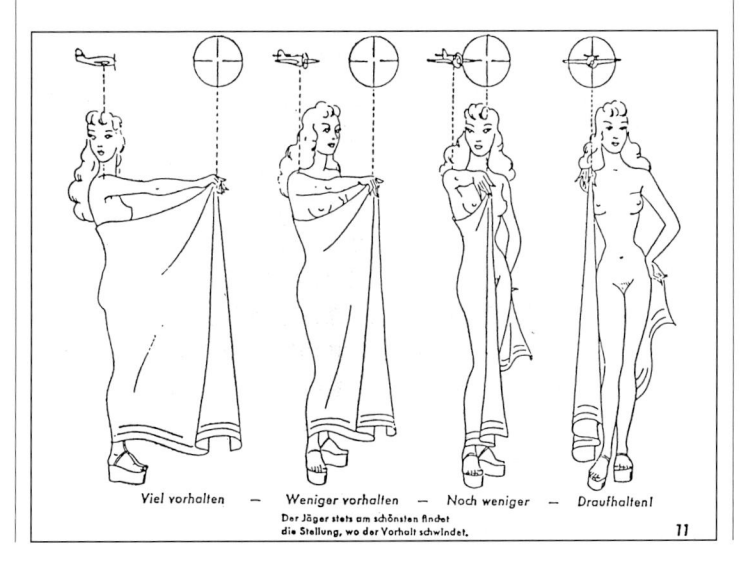

……これは'見越し射撃'の原則を説明するイラストであるのだから、禁止指示は一応もっともなことなのだが、この絵を見れば禁止の理由はもっとはっきりする。画面の下の方の2行のへぼな詩のようなものは、「戦闘機パイロットは常に正面からのアプローチを望むはずである」という意味深長な内容である。D.(Luft)5001はこのようなテーマの他の航空省文書とは大きな相違があった。ソ連のコチコチ頭の共産主義者たちがこれを見たならば、一体、どのように反応しただろうか！

Viel vorhalten — Weniger vorhalten — Noch weniger — Draufhalten!
Der Jäger stets am schönsten findet die Stellung, wo der Vorhalt schwindet.

chapter 5

西部戦線での'グリュンヘルツ'の戦い
'green hearts' in the west

　その後のロシア戦線での後退と敗北の長い月日の記述に入る前に、Ⅲ./JG54の西側連合軍航空部隊に対する戦いに目を向けてみよう。1943年の初めにこの飛行隊がロシア戦線から西へ移動した時、最初の数カ月は半独立的な部隊として欧州西部の占領地の基地に配備され、その後に段々にJG26の指揮下の部隊へと立場が変って行った。

　このため、ある時期以降の歴史はJG26のストーリーの一部だと見る方が正確である。実際に、Ⅲ./JG54は大戦末期の1945年2月に部隊呼称がⅣ./JG26に変更され、正式にJG26に編入された。しかし、この飛行隊の戦闘機には西部移動後の大半の時期にわたって'グリュンヘルツ'のバッジが描かれ、隊員たち——少なくとも初めのうちは——はロシア戦線で戦っている親許の航空団との連帯感を持ち続けていたので、第Ⅲ飛行隊の英国空軍(RAF)、米陸軍航空軍(USAAF)との戦いもJG54の部隊史の一部と見るべきだろう。

　Ⅲ./JG54がロシア戦線から転出したのは、戦闘機隊総監アードルフ・ガランドが打ち出した新しい方針の結果である。欧州西部とロシア戦線各々に配備されている1個戦闘航空団全体を、相互に入れ換えようというのが、その新しい方針であり、その対象として選ばれたのがJG26とJG54だった。この2つの航空団は高い経験を重ねており、各々配備されている戦域で、各々が戦う相手と周辺の条件——相互に大きな相違があった——を熟知し、慣熟していた。したがって、この方針が全面的に実施されていたならば、両航空団が配置換えされた新しい状況に十分に対応できるようになるまでに、'環境順応'のためにかなりの期間が必要だったはずである。

　このように二正面戦争が苦しい状況に陥っている時期（ロシア戦線ではスターリングラード攻防戦で勝利を収めたソ連軍が優位に立ち、欧州西部では英国に基地を展開したUSAAF第8航空軍がドイツ本土に対する昼間爆撃を開

サントメ-ヴィゼェルン飛行場の駐機場から、爆弾を搭載した10.(Jabo)/JG54のFw190が、今日もイングランド南部へのヒット・アンド・ラン任務に出撃しようとしている。1943年の初めの撮影。

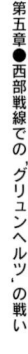

3月24日、ケント州アッシュフォードはヤーボの激しい空襲を受け、死者50人、負傷者77人の被害があった。この写真は低空を飛ぶヤーボから撮影された。画面の中央、遠方に白い煙が細く立ち昇っているのがかすかに見えるが、これはパウル・'ボムベン'・ケラー中尉の乗機、「黒の7」の残骸が地面に落ちた場所だといわれている。彼の機は胴体下面の500kg爆弾が空中で爆発し、機体全体がばらばらになって飛び散った。爆発の原因は対空砲火の直撃によるものか、それとも彼の機の地上掃射によって吹き上げられた破片が当たったのかであると思われる。

始していた)に、ガランドがこの戦域間での戦闘航空団の配置入れ換えによってどのような結果を得ようとしていたのか、まったく不明である。客観的に見て、2つの戦闘航空団各々の部隊全体を一度に移動させるのではなく、双方の戦域で移動に伴う混乱を最低限に止めるために、一度に1個飛行隊ずつ移動させるのが妥当だったはずである。

しかし、ガランドは考えを変えて(誰か慎重な考えの人が彼を説得したのかもしれない)、1個飛行隊と追加の1個中隊が実際に移動した後、この方針実施は中止された。そして、ロシア戦線に移動したJG26の部隊は、数ヵ月間ソ連空軍と戦った後に海峡沿岸地区にもどり、一方この交換計画で欧州西部に移動したJG54の部隊がロシア戦線にもどることはなかった。

1943年2月の初め、飛行隊長ザイラー大尉以下のⅢ./JG54はクラスノグヴァルディスクを列車で出発し、ベルギーのウェヴェルゲムに向かった。第4中隊はここでⅢ./JG26の一部として行動するようになった。Ⅲ./JG26では第7中隊が2週間前に列車でロシア戦線に向かって出発しており、4./JG54はその跡を埋めることになった。

一方、Ⅲ./JG54は2月12日にリール-ヴァンデヴィル飛行場に到着した後、パイロットたちはJu52によってヴィスバーデンに輸送され、そこで新品のBf109G-4を受領した。リールに帰ると、海峡沿岸地区の航空戦に参加する態勢を整えるために、厳しい訓練が始められた。この飛行場はJG26司令、ヨーゼフ・'ピップス'・プリラー少佐の本部小隊の基地であり、訓練には少佐が持前の厳しい態度で目を光らせていた。

訓練が始まると間もなく明らかになったことがある。'ゼップル'・ザイラーが率いるロシア戦線の'腕達者(エクスペルテ)'たちは、それまで個々の小隊編隊小隊編隊(シュヴァルム)または分隊編隊(ロッテ)で低高度を飛んでソ連機と戦ってきたが、その戦い方は欧州西部防空の第一線部隊のひとつとしてJG2、JG26と並んで戦うのには適切ではなかったのである。海峡地区の2つの戦闘航空団は英軍と米軍の戦闘機と戦うだけでなく、だんだんに機数を増して高高度で進入してくる米軍の四発重爆とも戦い、それに必要な戦術と技量を各々身につけていた。

Ⅲ./JG54のパイロットたちは全力を尽くしたが、完全主義者であるプリラー少佐はこの飛行隊が実戦可能状態になったと認定することを断固として拒否した。プリラーが否定的な報告を上層部に提出したために、アードルフ・ガランドは両戦域間の部隊入れ換え計画を諦めざるを得なかったといわれている。

Ⅲ./JG54は実戦慣熟のために6週間にわたって海峡戦線で出撃したが、その間にさまざまな事故によるBf109の損失や損傷が1ダース近く発生した。しかし、現在知られている限りでは、戦闘による死者は1名のみである。2月26日、ブーローニュ周辺での格闘戦で、第7中隊のエーリヒ・トヴェルケマイアー伍長が行方不明になった。それから4週間あまり後、1943年3月27日にⅢ./JG54は

ドイツ北部のオルデンブルクに移動した。この地域は英米軍の単発戦闘機の行動圏外であり、この飛行隊はその後3カ月にわたって本土防空任務のみに力を傾けることになった。

　第Ⅲ飛行隊が結局無駄に終った海峡戦線対応のための訓練を重ねている間、JG54の部隊番号を持つ他の2つの中隊が西側連合軍に対する戦闘で活躍していた。しかし、これらの中隊の'グリュンヘルツ'航空団との関係はきわめて短く、希薄なものだった。海峡沿岸地区の2つの戦闘航空団、JG2とJG26はいずれも、2つの独立的な特別任務専門の中隊を指揮下に置いていた。戦闘爆撃機の第10(Jabo)中隊と、与圧コクピットのBf109G-1を装備した高高度戦闘専門の第11中隊である。

　1943年1月の末にサントメ-ウィセルン基地に配備されていたFw190装備の10.(Jabo)/JG26が10.(Jabo)/JG54と改称された。この中隊は海峡越え攻撃専門の戦闘爆撃機部隊であり、ロシア戦線へ移動させるのには不向きと考えられたと思われる。部隊呼称の変更はガランドの戦闘航空団入れ替え計画の始まりの時期で、JG54の本体がロシア戦線から移動してくるまでの繋ぎのための措置だった。別の航空団に移ったことを形の上で示すために、この中隊のパイロットたちはJG26'シュラーゲター'の袖章を外すように命じられたといわれている。実際には彼らは従来通り、以前からの親航空団の指揮下で作戦行動を続けたのだが。

　それと同様に、高高度戦闘専門の中隊もロシア戦線では有効な戦いの場がなかった。ソ連空軍はほぼ全面的に中・低高度で行動していたからである。このため、11./JG26 (1942年12月に解隊されていた)が1943年2月にメルヴィルで復活された時、11./JG54という新しい呼称を与えられた。

　このふたつの中隊は3カ月にわたりJG54の名の下で作戦行動を重ねた。10.(Jabo)中隊は少し前からイングランド南部の目標に対してさまざまな間隔で海峡越えの戦闘爆撃機攻撃を始めており、それをそのまま継続した。3月12日にはダンケルクの沖合い10kmの空域で、エーミール・ベッシュ軍曹が英国空軍のタイフーンに撃墜されたが、第10中隊は3月24日の午前中半ばの出撃でケント州アッシュフォードに大きな損害を与えた。地上での死傷者は多かったが、市の周辺の対空砲部隊は1機撃墜の戦果をあげた。第10中隊長、パウル・ケラー中尉の乗機が直撃弾によって空中爆発したのである。

　その5日後にはヨアヒム・コッホ伍長がブライトンの上空でスピットファイアに撃墜された。エルヴィーン・ブッシュ中尉指揮となった10.(Jabo)/JG54では、その後、パイロット3名が海峡上空で行方不明になった。そして、1943年4月の半ばにはふたたび部隊呼称の変更があり、第10高速爆撃航空団第14中隊(14./SKG10)となった。

　この時期にメルヴィル飛行場に配備されていた11./JG54の高高度戦闘作戦行動はあまり知られていない。離陸と着陸の事故によってBf109G-1 2機が廃棄処分された後、この中隊は与圧コクピット装備の新型、G-3を受領し始めた。しかし、5月の初めには、第11中隊の高高度戦闘任務は不要になったらしく、ベルギーのウェヴェルゲムに移動し、そこでFw190装備に転換した。5月21日、ラインヘルト・ホフマン曹長がベルギー沿岸地区のブランケンベルジェ附近の低高度でP-47を撃墜した。これが記録に残っている11./JG54の唯一の戦果である。5月の末近くにこの中隊は解隊されたと伝えられている。隊員の大半はJG26に復帰した。

ラインハルト・ザイラー大尉は1943年4月、オルデンブルクに配備されていたⅢ./JG54を離れ、ロシア戦線にもどった。第Ⅰ飛行隊の指揮をとるためである。彼の背後に立っているのは後任のジークフリート・シュネル大尉──JG2'リヒトホーフェン'で活躍したエースで、柏葉飾り受勲者──である。

1943年5月15日、Ⅲ./JG54は北海上空でのB-17の編隊との交戦でパイロット4名を喪ったが、そのうちの2名は騎士十字章受勲者だった。第8中隊長、ギュンター・フィンク大尉と7./JG54のフリードリヒ・ルップ少尉(この写真の人物)である。ルップの「白の2」はB-17編隊の防御攻撃の機銃弾を受け、ヘルゴラントの南西の海上に垂直に墜落した。彼はロシア戦線で50機撃墜に対して騎士十字章を授与されたが、西部戦線での戦果は米軍の四発爆撃2機を加えただけだった。

　一方、ラインハルト・ザイラー大尉のⅢ./JG54のパイロットたち——海峡戦線で戦うための技量をもっていないと判定された口惜しさを引きずっていた——は、ドイツ北部の上空でUSAAF第8航空軍の四発爆撃機との戦いで戦果をあげ始めた。2カ月をわずかに越える期間のうちに、米軍の'重爆'28機撃墜という見事な戦績を示した。

　第Ⅲ飛行隊は4月17日に初戦果をあげた。この日のブレーメン爆撃で米軍はB-17を16機喪ったが、そのうちの3機はこの飛行隊の戦果だった。一方、人的損害1名が発生した。第9中隊長ハンス-エッケハルト・ボブ大尉がB-17と空中接触し、負傷して落下傘降下した。他の3機のBf109は軽い損傷を受けたが、オルデンブルクに帰還した。

　3機のB-17のうちの最初の1機は、飛行隊長ザイラー大尉が1300時過ぎに目標地区の上空で撃墜した。これは彼の100機目の戦果であり、彼の合計戦果109機の中の唯一の四発爆撃機となった。この時にはすでに、彼はただちに東部戦線にもどってI./JG54の指揮をとれという命令を受けていたからである。

　第Ⅰ飛行隊長だったハンス・フィリップ大尉は、JG1司令の職を引き継ぐために数日前に欧州西部に到着していた。

　ザイラー大尉の後任の第Ⅲ飛行隊長は、JG2 'リヒトホーフェン'で長い期間戦い、海峡沿岸地区で高い戦果をあげていたジークフリート・シュネル大尉である。'ヴム'・シュネルはB-17を3機撃墜して、この飛行隊の撃墜スコアを伸ばした後、Ⅲ./JG54を率いて6月23日に西隣りのオランダに移動した。

　最初の基地はアルンヘム-デーレン、7月24日以降はアムステルダム-スキポールだが、いずれにしても第Ⅲ飛行隊はRAFの戦闘機の行動圏内に入った。断続的に米軍の四発重爆と交戦し、戦果をあげた。第8中隊のルードルフ・パツァク中尉は5月から7月までに7機のB-17を撃墜して、この時期のトップの'対四発重爆エース'になったが、ここでRAF戦闘機軍団を相手にしたⅢ./JG54の力比べが始まったのである。

　主な戦いの相手はスピットファイアとタイフーンであり、7月25日にシュネル大尉は両方を2機ずつ撃墜し、第9中隊のオイゲン・ツヴァイガルト曹長が3機目のスピットファイアを仕止めた。

　シュネルとツヴァイガルトは2日後にも戦果をあげた。前者はタイフーン1機をスコアに加え、後者は双発のヴェンチュラ1機撃墜の確認を与えられた。この7月27日は第Ⅲ飛行隊の2カ月のオランダ配備期間の中で最も戦果の高い一日となった。15分あまりのうちに、彼らはRAFの7機をハールレムの上空で撃墜した。損害はパイロットの負傷3名である。そのうちのひとりはヴァルデマー・'ハイン'・ヴェプケ——1941年の7月に裾長Tシャツを着ただけで出撃した男——であり、この時には第7中隊長、大尉に昇進していた。

　8月2日には第9中隊が得意の低高度戦闘の技量を発揮した。強力な護衛を伴ってオランダの沖合いを航行中の船団が沿岸哨戒軍団(コースタル・コマンド)のボーファイターの部隊に襲われたが、この中隊が5機を撃墜したのである。しかし、それから2週間も経たない8月15日に、Ⅲ./JG54は本土に帰ってドイツ北部で第8航空軍に対する高高度戦闘にもどるように命じられた。

　新たな基地はハンブルクの東方90kmほどのシュヴェリンだった。彼らはその年の末近くまでここを基地とし、緩いテンポで新型のBf109G-6への機種転換を完了した。その間、戦闘の損害以上に事故による機材の損耗と人的損害が

発生した。しかし、10月9日にはドイツのバルト海沿岸地域の数カ所の目標を爆撃したB-17の大編隊と戦い、4機を撃墜した。

その5日後、第Ⅲ飛行隊はもっと遠くまで出撃した。この日、シュヴァインフルトを目標としたUSAAFの長距離侵入と戦う戦闘機兵力を拡大するため、第Ⅲ飛行隊も動員された。10月14日の悲惨な'二度目のシュヴァインフルト'から帰還しなかった第8航空軍の四発重爆60機のうち、3機は8./JG54がドイツ中部の上空であげた戦果だった。第8中隊の損害は、燃料切れのためベルギーのリエージュ附近に不時着を試み、失敗して死亡したハインリヒ・ボジン軍曹のみである。

その後、1943年の終りまでに第Ⅲ飛行隊ではパイロット5名が戦死した。そのうちの2名は、11月29日、ブレーメンを爆撃した13機のB-17と交戦し、この飛行隊が3機を撃墜した際の戦死である。12月の初め、Ⅲ./JG54はシュヴェリンから南へ30kmあまり離れたルートヴィヒスルストに移動し、その後の3カ月にわたりこの飛行場を基地とした。

1944年に入ると撃墜機数に現れる成績は高まったが、パイロットの損耗も急速に増大した。この年の最初の8週間だけでも12名が戦死し、それ以上の負傷者があった。1月11日には新年の最初の大規模な戦闘が発生し、損害なしでB-17を11機撃墜した。この日、第Ⅲ飛行隊として最初のP-51 2機撃墜したと報告されたが、米軍の側ではこの型（第9航空軍第354FGのP-51がこの戦闘に参加）の損失は記録されていない。

2月1日、ジークフリート・シュネル大尉はⅢ./JG54飛行隊長の職を離れ、第Ⅳ飛行隊の指揮をとるためにロシア戦線に移動した。第Ⅲ飛行隊では第8中隊のルードルフ・パツァク中尉が飛行隊長代理として臨時に指揮をとることになった。2月20日、USAAF第8航空軍はドイツの航空機工業を目標とした連続爆撃、'ビッグ・ウィーク'作戦を開始した。

その一日目にⅢ./JG54はB-17を6機撃墜した。そして、2機に対する'効果的撃破'に戦果としての確認を与えられた。効果的撃破（ヘアアウスシュッス）というのは、重爆撃機に重大な損傷を与え、戦闘梯団編隊（コンバット・ボックス）の中の所定の位置を維持できない状態に陥れる、つまり落伍させる——落伍機はその後の攻撃によって撃墜しやすい目標になる——ことを意味するドイツ空軍の用語である。これだけの戦果の借方勘定として、第Ⅲ飛行隊はパイロット2名戦死、行方不明1名、負傷1名の人的損害があった。

その翌日、2月21日の戦闘で、Ⅲ./JG54はパイロット4名を喪った。その中のひとりはヒルデスハイム上空で撃墜されたルードルフ・パツァクだった。彼の跡を埋めて、第7中隊長ルードルフ・クレム大尉が飛行隊長代理となった。

その後、第Ⅲ飛行隊は'ビッグ・ウィーク'の間に激戦の日を2回重ねた。2月22日にはB-17 6機撃墜と効果的撃破1機の戦果をあげた。その2日後、2月24日の戦果はB-24 5機、B-17 1機、P-38ライトニング戦闘機2機撃墜と、B-24効果的撃破1機に及んだ。その日の損害はパイロット1名が負傷しただけに止まった。

1944年3月6日、USAAFが初めてベルリンを空襲した日にゲーアハルト・ロース中尉（この写真の人物）が戦死した。彼も8./JG54中隊長だった。彼はブレーメンの南方でP-51編隊の攻撃を受けた。被弾した乗機から脱出降下することができたが、落下傘から身体が外れて墜死した。

1944年の4月、Ⅲ./JG54ではFw190A-8へ機種転換が始まった。この飛行隊のフォッケウルフは、それまで装備していたBf109G-6（カラー塗装図29を参照）と同じく、ブルーの本土防空部隊バンドに重ねて第Ⅲ飛行隊の記号、垂直のバーが描かれていた。この「黄色の2」のキャノピーのすぐ下には'十字軍の十字'の盾を中に描いた小さな'グリュンヘルツ'バッジが見える。これはおそらく、第Ⅲ飛行隊がノルマンディ戦線に異動した後の7月18日に、クラウス・フンガー一等航空兵がP-38の部隊との戦闘で行方不明になった時の乗機であると思われる。

この「黒の10」が上空から撮影された場所はヴィラクーブレであるといわれている。そうであるとすれば、何のカバーもない誘導路でエンジンと通信機を点検している地上要員たちが、敵の戦闘爆撃機の攻撃の可能性を考えていないのは不思議である。この時期、敵は絶対的な制空権を握っており、ドイツの戦闘機の大半は樹木の陰に注意深く隠されていた。

ロベルト・ヴァイス大尉はD＋1の日（6月7日）、臨時の指揮官としてⅢ./JG54のフォッケウルフを率い、フランスに進出した。その後、7月21日に正式に飛行隊長に任命された。

2月25日、Ⅲ./JG54はハンブルクの南東方のリューネブルクに移動した。この基地で新しい飛行隊長、ルードルフ・'ルディ'・ジナーが着任した。ロシア戦線の第Ⅳ飛行隊長からの転任である。

ジナー大尉は次の大規模な戦闘、3月6日にⅢ./JG54を率いて戦った。この日、米軍第8航空軍は初めてベルリンを空襲した。ドイツの首都と周辺の目標を目指して重爆撃機730機が、護衛戦闘機801機——これまでで最大の兵力——を伴って英本土の基地から出撃した。ドイツの戦闘機隊は全力をあげて防空戦に当たり、ジナーの飛行隊はその小さな部分に過ぎなかった。2回にわたる出撃で、Ⅲ./JG54はB-17を9機（うち1機は落伍機）とB-24を1機撃墜し、パイロットの戦死4名と負傷3名の損害を受けた。

負傷者3名のひとりは'ルディ'・ジナーだった。目標地区に接近する前に編隊から落伍していたB-17を攻撃している時、敵機の防御射撃によって重傷を負い、火を噴いた乗機から何とか脱出してブレーメンの南、バッスムの附近に落下傘降下した。

4名の戦死者のひとりはⅢ./JG54の中隊長、ゲーアハルト・ロース中尉である。ちょうど1カ月前、2月5日に彼は西部に移動した後のⅢ./JG54では初めて、騎士十字章を授与された（撃墜85機に対する受勲だったが、6機ほどを除いて大半はロシア戦線での戦果だった）。

ロースは帰途についた重爆編隊を追ったが、ラインセーレン附近で数機のP-51に襲われた。彼も乗機から脱出——高度600mほどで——することができたが、その後の状況については異なった内容の報告がある。ある者はキャノピーが吹き飛ばされた直後に彼の落下傘が縛帯から外れたといい、別の者は彼が地上20mほどまで降下した時、風に流されて高圧電線に向かっているのに気づいて縛帯を外したのだと報告した。戦死した時のロースの撃墜数は少なくとも2機の四発重爆を含めて92機に達していた。

それから6週間、第Ⅲ飛行隊はヴェルナー・シュロアー少佐——本土防空部隊のひとつ、Ⅱ./JG27の飛行隊長から転任してきた——の指揮で戦い、連合軍航空部隊の強圧が高まるのにしたがって損害が増大し始めた。3月23日には損害なしに重爆撃機5機を撃墜した。しかし、その6日後にはほとんど戦果のない戦闘でパイロット7名が戦死した（2名は空中接触による）。4月8日にはB-24とP-38 2機ずつを撃墜したのに対し、5名が戦死、4名が負傷した。

この時期までにはⅢ./JG54をFw190装備に転換する計画が立てられていた。これを実施するためにはドイツ南部へ移動することが必要とされた。しかし、この転換のスタートはおそろしい不運に見舞われた。4月15日、先遣班を乗せた6発のMe323輸送機がリューネブルク離陸の際に墜落したのである。技術要員25名が死亡し、その中には第7中隊のスペシャリストのほぼ全員が含まれていた。

4月20日、Ⅲ./JG54のパイロットたちは南へ飛び、バイエルンのランダウで

95

Fw190A-8への転換に取りかかった。転換訓練中の事故でフォッケウルフ数機が失われたが、新しい装備による最初の戦闘が5月19日に発生した。この日、ブラウンシュヴァイクを爆撃した300機近いB-24の大編隊と戦い、第Ⅲ飛行隊はリベレーター2機、同型の落伍機5機、護衛のP-38 3機を撃墜したが、フォッケウルフ5機を失い、パイロット1名戦死、4名負傷の損害を被った。

5日後の5月24日には、第Ⅲ飛行隊は少なくとも10機のB-17撃墜に貢献し（効果的撃破(ヘアアウスシュッス)3機と落伍機撃墜1機を含む）、米軍の別のベルリン空襲でP-51 1機を撃墜した。この日の唯一の戦死者、第9中隊のラインホルト・ホフマン少尉は首都の北西方に不時着を試みたが、機体が前のめりになって転覆し死亡した。彼はロシア戦線で60機撃墜を記録し、西部に移動した後に四発重爆6機をスコアに加えており、1945年1月28日に騎士十字章を死後授与された。

Ⅲ./JG54は5月23日にニュルンベルクの西のイレスハイムに移動した。しかし、この基地に留まった期間は短かった。6月6日、連合軍はノルマンディ海岸で上陸作戦を開始した。連合軍のフランス上陸は以前から予想されていたため、ドイツ空軍は緊急時に対応する作戦計画を立てていた。

ドイツ国内の戦闘機部隊のほぼ全部は'ドクトル・グスタフ・ヴェスト'という暗号電報（'西部に危機切迫'を意味する）を受領すれば、ただちにフランスに移動するように命じられていた。各々の部隊は特定の飛行場を割り当てられており、Ⅲ./JG54の進出する先はパリの西の郊外、ヴィラクーブレの戦前以来の大きな飛行場とされていた。この飛行場は交通量の多い主要道路によって二分されており、第Ⅲ飛行隊は北側の半分を使用し、南半分はBf109装備のⅢ./JG26が使用することになっていた。

シュロアー少佐は入院加療中であり、第Ⅲ飛行隊はロベルト・ヴァイス大尉が臨時に指揮を取り、可動状態のFw190はイレスハイムを出発した。騎士十字章受勲者であるヴァイス（3月に70機撃墜に対して十字章を授与され、その後に30機を加えていた）は、その前の12カ月、ロシア戦線のⅠ./JG54で戦い、欧州西部に到着したばかりだった。

ヴァイスが率いる小さい編隊はケルンとナンシーを経由して、6月7日の朝に、ヴィラクーブレに到着した。しかし、すべての部隊がこの移動をうまく完了したのではなかった。敵機の妨害と、多くの若いパイロットたちの航法能力の不足のために、フランスに到着するまでに兵力が減耗した部隊が少なくなかった。機数が一桁台に減った飛行隊もあり、出撃可能1機のみ！ と報告した飛行隊さえあった。

Ⅲ./JG54のノルマンディ地区への初出撃は6月7日の午後早い時刻だった。ヴァイス大尉は2機撃墜──彼の101機目と102機目、カン附近でのスピットファイアとギュイアンクール上空でのP-51各1機──を報告した。オットー・フェンヤコプ伍長もヴァイスの1機目撃墜の数秒後にスピットファイア1機を撃墜したが、第8中隊のエーリッヒ・ライター上級士官候補生がバイユー附近で撃墜された。

Dデイ+2の日（6月8日）には第Ⅲ

第7中隊長、アルフレート・トイマー中尉が部下の'ブラック・マン'2人──左側はシュレーダー曹長と右側はレーヴェ軍曹──と並んでポーズを取っている。その後、8月19日に、彼は76機撃墜に対して騎士十字章を授与された。'フレート'・トイマーは10月1日にMe262実用テストのためのコマンド・ノヴォトニーに転出したが、その3日後、ヘゼペ飛行場で着陸態勢に入った時に、彼の乗機のジェット・エンジンがフレーム・アウトして殉職した。

飛行隊は5機撃墜の戦果をあげた。その中でP-51を各1機撃墜したのは第7中隊長アルフレート・トイマー中尉と第9中隊長エーミール・ラング大尉である。ふたりはいずれもヴァイス大尉と同じく、ロシア戦線の親航空団から移動してきたばかりだった。ラングは特に戦績が高く、ソ連機144機撃墜に対して柏葉飾りを授与されていた。

それとは対照的に、もうひとりの中隊長、第8中隊のオイゲン-ルートヴィヒ・ツヴァイガルト中尉は西部に移動してきた後の第Ⅲ飛行隊で1年以上戦い続けていた。彼はロシア戦線での戦果54機に対して1943年1月に騎士十字章を授与され、その上に西部での戦いで15機撃墜を加えていた。そのツヴァイガルトは、6月8日の上陸作戦海岸附近でのP-51の編隊との交戦で戦死した4名のうちのひとりだった。

ツヴァイガルトの戦死を始めとして、ノルマンディ上空でのドイツ空軍の最初の72時間の戦闘機隊の戦闘状況は、その後の数週間にわたって拡がる様相をすでに示していた。最大で40対1もの比率で絶対的に優勢な兵力の敵との戦いであり、血の海のようなフランスの上空で生き残り、戦果をあげることができたのはトップのクラスの'腕達者'(エクスペルテ)たちと、少人数ながら部隊の強固な中核となる下士官パイロットたちだった。一方、訓練不十分な若いパイロットたち——連合軍の航空部隊と戦う戦闘機隊の大半を占めていた——は、次々に戦死者のリストに並んで行った。

そして、そのリストが長く延びて行くと、もっと訓練度の低い者が新たに補充として送り込まれ、状況は一層悪くなった。これは悪性のスパイラル降下であり、それから逃れる途はなく、ドイツ戦闘機隊は体勢を立て直すことができなかった。

後になって推算されたことだが、経験の高い編隊指揮官と若いパイロットたちのノルマンディでの戦死者数の比率は、前者1名に対して後者30〜40名——1個飛行隊の定数に等しい——にのぼっていた。最も厳しい関門は最初の6回の出撃だと多くの人が見ていて、「新米がここで生き残れば、その後、うまくやって行くチャンスは高い」といわれていた。しかし、大部分はこれを切り抜けることができず、最初の出撃から帰還しない者も多かった。

Ⅲ./JG54の最初の増援兵力の一部、8機のFw190——20機がケルンを出発したが——は6月9日の夕方、戦闘爆撃機の攻撃を受けているヴ

歩兵から戦闘機パイロットに転向したハンス・ドルテンマン少尉は、戦死したフォルビヒ少尉の後任として第2中隊長に任命された。コクピットの下の第Ⅲ飛行隊のマークははっきり見えるが、カウリングに描かれた第2中隊のエンブレム(三叉の鉾に乗った赤い悪魔)は薄くぼけている。6月26日、パリの上空でスピットファイアと戦ったドルテンマンは、この「赤の1」——ニックネームは'ハッシェルル'(哀れな悪魔)——から落下傘降下した。

この第8中隊のFw190はプロペラが真っすぐに立ち、コクピットのあたりが完全に燃え崩れているので、部隊がノルマンディ地区から撤退する時に計画的に破壊し、遺棄して行ったものと思われる。

ィラクーブレに着陸した。編隊のリーダー、ヴィルヘルム・ハイルマン中尉は最初誤って近くのブクに着陸したが、翌朝に到着し、負傷した'フレッド'・トリマー中尉の後任の第7中隊長に任じられた。

　第Ⅲ飛行隊の乏しい兵力を補強するため、ヴァイス大尉の下に4番目の中隊、ロシア戦線から6月の初めに西部に到着していた2./JG54が配属された。2つの戦域の間に条件の相違があることを強調するかのように、この中隊はすぐに次々と損失を重ね始めた。人的損失の中のひとりは中隊長、ホルスト・フォルビヒ少尉だった。6月12日、カン附近でP-47を1機撃墜した後（彼のノルマンディでの唯一の戦果であり、彼の58機目だった）、行方不明になった。

　連合軍の航空部隊は圧倒的な優位に立ち、ドイツ空軍は地上にいてさえも安全ではなかった。6月15日、USAAF第8航空軍のB-24の編隊がパリ西方のいくつもの飛行場を爆撃し、広範囲な損害が発生した。ヴィラクーブレで最も大きな損害を受けたのは、またまた不運な第7中隊であり、ほぼ全部の機材を破壊された。その後、各々の部隊は周辺の田園地帯のあまり造成されていない小さな発着場に分散し、以前より安全になった。しかし、この攻防戦の全期間にわたって、常に方々の空域を飛び廻る連合軍の戦闘爆撃機の編隊――ごく小さなものでも何か地上での動きを発見すると襲いかかってくる――の餌食にされるドイツの戦闘機は絶えなかった。

　このような苦しい状況の中で第Ⅲ飛行隊は戦い続けた。7月21日、ロベルト・ヴァイス大尉は正式にⅢ./JG54飛行隊長に任命された。この時期、何度も兵力補強の努力が重ねられたが、可動機数は15機前後から高まることはなかった。7月の末までに、第Ⅲ飛行隊の人的損害は50名を越えたが（パイロットの戦死32名、行方不明19名）、ノルマンディ攻防戦での'グリュンヘルツ'の撃墜戦果は90機以上になった。8月の半ばには合計戦果が優に100機を超え、この戦線で戦う戦闘飛行隊の中で最高となった。

　第Ⅲ飛行隊のパイロットの中で最高のスコアは飛行隊長本人の18機だった。二桁台に達した者のひとりは第9中隊長、エーミール・ラング大尉であり、Ⅱ./JG26飛行隊長に転出するまでに14機を撃墜した（JG26では実に14機を加えた）。もうひとりは第8中隊のアルフレート・グロス少尉――彼も後にJG26に移動した――で、戦果は11機である。

　しかし、いく人かの者の高い個人戦果があっても、戦局の流れを変えることはできない。8月の後半、Ⅲ./JG54の生き残りはだんだんに、ボーベー、ベルギーのフロレンヌ、ボン-ハンゲラーを経由し、ドイツ北部のオルデンブルクに引き揚げた。9月の第1週にオルデンブルクに到着した後、この飛行隊は次のように4個中隊体制に改編された。

Ⅲ./JG54　第9中隊――以前のまま
　　　　　第10中隊――元第7中隊
　　　　　第11中隊――元第8中隊
　　　　　第12中隊――元第2中隊

　9月の大半にわたり、この基地で飛行隊の兵力を定数いっぱいに回復させる作業が進められた。新しいパイロットたちが到着した。しかし、大半は戦闘機学校から送られたフレッシュな若者ではなく、解隊された爆撃機部隊から移動してきた古参の者――高位の勲章をもつ者もあった――だった。

　彼らの階級や先任順位だけから考えれば、彼らは指揮官の職につく資格をもっていたが、これまでの彼らの多発機操縦の経験は前線の戦闘飛行隊では

ルードルフ・クレム大尉は、Ⅳ./JG54が1944年9月の後半にアルンヘム上空の戦闘で全滅に近い損害を受けた時、この部隊の飛行隊長に任命された。この写真はそれより2年以上も前、1942年4月4日、彼が第8中隊の軍曹としてロシア戦線で戦っていた時に撮影された。彼はJG54の2000機目撃墜の確認戦果をあげた。

ほとんど役に立たなかった。このため彼らは先ず編隊の列機として飛び、単発戦闘機のパイロットとして必要な技量を身につけねばならなかった。そして彼らが操縦するのは新型戦闘機——大戦中にドイツ空軍が実戦で使用したピストン・エンジン戦闘機の中で最高と評価されている——であり、彼らはそれに乗って戦って彼らの価値を明らかにすることになったのである。Ⅲ./JG54はFw190の最新型——Jumo213液冷エンジン装備のD-9、'長っ鼻'ドーラ[D型の愛称]を配備される最初の戦闘飛行隊として選ばれたからである。

'バツィ'・ヴァイスの飛行隊が4個中隊への編成変えと、補充パイロットと新型機によって至急に戦力回復を進めている間に、もうひとつ別の'グリュンヘルツ'飛行隊が西側連合軍航空部隊との戦いに投入された。Ⅳ./JG54は第Ⅲ飛行隊が西部に転出した跡を埋めるために、1年以上前に新編されて活動を開始していた。この飛行隊は1944年のロシア戦線中部でのソ連軍の大規模な夏季攻勢作戦の間に激しく損耗し、戦力回復のためにドイツ本国に引き揚げていた。

ヴォルフガング・シュペーテ少佐指揮のⅣ./JG54がライプツィヒ基地でその作業を進めていた時、連合軍は9月17日にオランダ東部のアルンヘムに空挺部隊を降下させた。これはドイツ北西部への進撃路を開くことを意図した野心的な作戦だったが、最終的に失敗に終った。しかし、連合軍部隊が彼らの目標、'遠すぎた橋'を諦めて撤退するまでに、アルンヘム地区ではこの秋で最も激烈だったといえる戦闘が展開された。この突然の空挺強襲へのドイツ空軍の対応はあまり記録に残されていないが、Ⅳ./JG54もその戦闘で戦った部隊のひとつだった。敵部隊の降下開始の24時間後に、ドイツ-オランダ国境に近いプラントリュンネに移動した。

アルンヘム'回廊'での戦闘で第Ⅳ飛行隊は大損害を被った。この飛行隊が注意深く立て直した戦力は、敵戦闘機隊の膨大な兵力——今や大陸側の多数の飛行場に展開していた——の前にただただ圧倒されてしまった。Ⅳ./JG54は2週間あまりのうちに事実上全滅した。

9月19日、第14中隊のオイゲン・ゴットシュタイン軍曹のFw190がアルンヘム南方で敵地上部隊に対して低空攻撃をかけている時に撃墜されたのに始まり、第Ⅳ飛行隊のパイロットの戦死または行方不明は17名、負傷は6名に達し、Fw190の損失、廃棄処分、損傷は27機に達した。10月7日、少数の生き残りがライプツィヒ地区のメルティッツに撤退した。

ヴォルフガング・シュペーテが以前の任務、ロケット戦闘機Me163実用化開発の任務に復帰したため、第Ⅲ飛行隊からルードルフ・クレム大尉が新たな第Ⅳ飛行隊長としてこの基地に着任し、部隊は戦力回復の作業——実に1カ月のうちで二度目!——に第一歩から取りかかった。

一方、第Ⅲ飛行隊のオルデンブルクでのD-9への機種転換は、やや緩いペースではあったが事故もあまり発生せず、順調に進んでいた。この新型機によって最初の撃墜戦果をあげたのは、ノルマンディ戦線でも部隊の初撃墜を記録したロベルト・ヴァイス大尉だった。9月28日にブレーメンの南方でRAFのスピットファイア写真偵察機1機を迎撃して撃墜したのである。

それから2週間後、10月12日にヴァイス大尉は指揮下の2つの中隊を失った。9./JG54と12./JG54が各々ヘゼペとアハマーに移動したのである。これらの2つの飛行場——オズナブリュックの北北西の位置にあり、相互の間隔は10km——は最近、Me262を装備したコマンドー・ノヴォトニー(262実験特殊任務部隊)

の2個中隊の基地になっていた。この部隊の通称が示す通り、ジェット戦闘機の実戦化の途を拓く任務のこの部隊の指揮官はJG54の出身のヴァルター・ノヴォトニー少佐である。彼はロシア戦線で補充要員訓練飛行隊の少尉からスタートして、2年あまりのうちに第I飛行隊長、大尉に昇進した。その後間もなく、1943年11月に撃墜255機に達すると出撃停止の措置を受けた。しかし、在フランスの訓練戦闘航空団（JG101）司令の職に数カ月ついていた後、1944年9月20日にジェット戦闘機実戦化のための特別任務部隊――彼の名を背負うことになった――の指揮官に任じられ、ふたたび前線に立った。

　このコマンドの主要な任務はMe262を実戦の状況の中で運用して評価することだったが、それまでの経験によって、この革命的な双発ジェット戦闘機の弱点――離陸時と着陸時に攻撃を受けると脆弱である――が明らかになっていた。すぐに変調に陥りやすいターボジェット・エンジンはきわめてスムースにスロットルを操作することが必要であり、そのため離陸時には長い距離にわたって緩い角度で上昇し、着陸時には浅い角度でアプローチしなければならなかった。離陸時のノヴォトニーの隊のMe262を、連合軍の獰猛な戦闘機――基地の周辺を常に飛び廻っていた――の攻撃から護るのがIV./JG54の2個中隊の'長っ鼻'（ラングナーゼン）の任務であり、Me262と同じ飛行場に配備されたのである。

　ヘゼペに配備されたハイルマン中尉の第9中隊は、到着後3日のうちに大きな犠牲を払った上で、この任務が容易なものではないことを十分に知らされた。10月15日、USAAF第8航空軍のP-47の編隊と激戦を交え、D-9を6機喪失し、パイロット4名戦死、1名負傷の人的損害を受けたのである。彼らが直面した危険は敵の戦闘機だけではなかった。自軍の飛行場の対空砲火も常に危険な存在だった。第12中隊は48時間の間に'味方'の対空砲火によって3機を喪った。敵機を追って飛行場防空の弾幕の中に飛び込み、撃墜されたのである。

　第9中隊と第12中隊の特定の飛行場の防空任務に加えて、ヴァイス大尉指揮下の4個中隊――明らかに、まだ'長っ鼻'の訓練継続中だったのだが――は、西部戦線全体に米英軍の強圧が拡がるのに伴い、広い範囲の作戦行動に巻き込まれて行った。11月2日、第III飛行隊のD-9の対重爆迎撃の戦果は2機のみだった。その内の1機は第12中隊長、ハンス・ドルテンマン中尉の戦果であり、もう1機は同じオズナブリュック地区上空での戦闘でヴァルフリート・フト軍曹が撃墜した。この新型のフォッケウルフの強味は制空戦闘で発揮された。その後、III./JG54は最後の数カ月間に38機を撃墜したが、モスキート偵察機1機を除いて、すべて戦闘機である。

　一方、第IV飛行隊は新品のFw190A-8を受領し、11月19日にミュンスター・ハンドルフに移動し、その48時間後にはフェルデンに移動した。ロシア戦線から撤退してきて戦力回復に当たっていたこの飛行隊は、9月の半ばにアルンヘム攻防戦に投入され、激しく損耗して計画よりも遅れたが、この時期にやっと本土防空戦闘機隊の戦列に並ぶことができた。

　11月26日、IV./JG54はこの新しい任務での最初の損害を被った。この日、2人が戦死したが、その一方は第16中隊長、ハインリヒ・'バツイ'・シュテアー少尉である。彼はロシア戦線から移動してきた130機撃墜の'腕達者'（エクスペルテ）であり、騎士十字章受勲者だったが、ヴェルデンで着陸態勢に入った時に2機のP-51に襲われて撃墜された。それから24時間後に第IV飛行隊はさらにパイロット3名戦死、1名負傷の損害を受けた。しかし、間もなくこの飛行隊は9月半ばの状

況と同様に、新たに地上で展開される大規模な作戦に巻き込まれることになった。

12月16日、ヒットラーは西部戦線で最後の大ギャンブル——アルデンヌ森林地帯を突破し、アントワープを目指そうとする反撃作戦——を開始した。クレム大尉のⅣ./JG54はJG27の指揮下にあり、侵攻作戦の戦闘地区とその周辺の上空での航空掩護と、進撃する機甲部隊に対する直接支援のための地上攻撃を命じられた。そして、3カ月前のアルンヘム周辺での戦いと同様に、大出血を強いられた。12月の最後の2週間にパイロットの戦死または行方不明は25名に及んだのである。

戦死者の中には中隊長2名が含まれていた。'バツィ'・シュテアーの後任の16./JG54中隊長、パウル・ブラント少尉——9月29日、まだ下士官パイロットだった時に30機撃墜（三分の二は西部での戦果）に対して騎士十字章を授与された——は、12月24日に'バルジ'（戦線突出部）の北部で第2戦術航空軍（2TAF）のテンペストの編隊との交戦で撃墜された。その3日後、第14中隊長、アルフレート・ブッデ少尉がアルデンヌ地区のドイツ国境近くでP-47に撃墜された。

9./JG54と12./JG54が第Ⅲ飛行隊に復帰したのも12月24日だった。ヘゼペとアハマーを離れ、ヴァイス大尉の飛行隊本部と他の2つの中隊の基地、ファレルブッシュに移動してきたのである。Ⅲ./JG54は11月7日（この日、第10中隊長、ペーター・クルンプ少尉がオルデンブルクの南北方でモスキート偵察機を撃墜した）以降、戦果はなく、損害もなかった。しかし、間もなく部隊の状況は一変した。

4個中隊が揃ったⅢ./JG54は、12月25日にヨーゼフ・'ピップ'・プリラー中佐のJG26——この航空団もFw190D-9を装備していた——の指揮下に入った。12月27日、この飛行隊の'長っ鼻'の編隊はミュンスター-ハンドルフ附近でニュージーランド空軍のテンペストの編隊と交戦した。テンペスト3機撃墜の戦果のうちの2機はクルンプ少尉が撃墜した（この戦闘で実際に撃墜されたのは1機のみだったのだが）。第Ⅲ飛行隊の損害は戦死3名と負傷2名であり、見事な戦績とはいえなかった。しかし、その48時間後に吹き荒れた暴風に比べれば、この戦いの損害は取るに足りないものだった。

12月29日、第Ⅲ飛行隊のD-9はミュンスター北方の地区に進入した2TAFの戦闘機と戦った。この日は飛行隊全力出撃だった。しかし、第2戦闘師団司令

この第10中隊のテオ・ニーベル少尉の「黒の12」は、ボーデンプラッテ作戦での損失機の中で最も奇妙な例だった。この機の墜落の原因はバード・ストライクである。このFw190D-9が低高度でグリンベルゲン上空に進入した時、驚いた1羽の雉が飛び上がり、冷却器に衝突して損傷を与えた。この雉のその後の運命は記録に残っていないが、この'長っ鼻'は12kmほど離れたウェンメルの村の近くに胴体着陸し、ニーベルは捕虜になった。

部は何を意図したのか不可解だが、1個中隊ごとに分かれて1時間の間隔で離陸し、低高度で飛ぶように命令した。圧倒的に兵力が大きい敵との戦いに、小規模な編隊を小刻みに投入すれば大損害を招くということは戦術上の常識であり、第Ⅲ飛行隊はその通りに大打撃を受けた。

　最初に出撃したのはヴィルヘルム・ハイルマン中尉指揮の第9中隊だった。まさに予想通り、カナダ空軍のスピットファイア1個飛行隊（ドイツ空軍の1個中隊とほぼ同兵力）を先頭にした敵に高い位置から襲いかかられた。'ヴィリ'・ハイルマンは何とか乗機を胴体着陸させることができたが、彼の中隊のパイロット6名が戦死した。ヴィルヘルム・ヴァイス大尉は状況を十分承知していたが、上層部からの厳格な命令に背反することは望まず、1時間の間隔を置いて出撃した。彼は何とか全面的な破滅状態だけは回避したいと望み、彼の本部小隊はヴィルヘルム・ボットレンダー大尉の第11中隊のすぐ前に離陸した。しかし、ヴァイス大尉と列機のエルンスト・ベルアイアー中尉は、11./JG54のパイロット4名とともに戦死した。第12中隊長、ハンス・ドルテンマン中尉は命令通りに1時間待った後に出撃したが、低高度維持の命令は無視して戦闘空域に向かい、中隊の損害は戦死1名と負傷1名に止まった。ペーター・クルンプの10./JG54だけはまったく損害を免れることができた。

　第Ⅲ飛行隊はこの日の戦闘でスピットファイア6機とタイフーン2機撃墜を報告したが、損害はパイロットの戦死13名と負傷2名に及んだ。この飛行隊が一日のうちに被った損害としては最大であり、隊員たちはこの日を'暗黒の日'（シュヴァルツ・ターク）と呼ぶようになった。

　12月の後半、Ⅲ./JG54はオランダ国境近くで、Ⅳ./JG54はアルデンヌ地方で、各々大打撃を受けていた。その状況の下で、この2つの飛行隊が、'ボーデンプラッテ'作戦に参加することができたのは、日夜作業を続けた地上要員の努力があったからである。この作戦はベルギーとオランダの17カ所以上の連合軍飛行場に対する同時攻撃であり、1945年1月1日に900機の兵力によって実施された。これは地上でのアルデンヌ反攻作戦に相当する航空作戦であり、ドイツ空軍が西部戦線の戦局を一気に逆転させようと図った'最後の一発勝負'だった。

　飛行隊長代理、ハンス・ドルテンマン中尉の指揮の下に、Ⅲ./JG54のFw190D-9の可動機全機、17機はファレルブッシュからフュルシュテナウに移動した。彼らはこの基地から、JG26の約160機の戦闘機とともに、指示された目標、ブリュッセル周辺の2カ所の飛行場に向かった。Ⅲ./JG54の目標はグリンベルゲン飛行場だった。何度も針路を変えるコースを50分飛んで目標に接近し、その途中、ロッテルダムの西で'友軍'の対抗砲火によって最初の戦死者を出した。第Ⅲ飛行隊は200mあまりの高度で目標上空に進入した。しかし、そこで彼らの目の前に拡がった飛行場はもぬけの殻同然だった！

　何棟もの空っぽの格納庫の間にまばらに駐めてある半ダースほどの敵機

12./JG54中隊長、ハンス・ドルテンマン中尉（中央）と、第11、第12両中隊のきわめて若い下士官パイロット4人が、ファレルブッシュ基地の雪の道をぶらぶら歩いている。1945年2月の初めの撮影。この5人のうちの4人は敗戦までの3カ月間、生き延びることができたが、写真の左端にいるヴェルナー・メッツ伍長だけは3月18日、（Ⅲ./JG54がⅣ./JG26に改称された後）、P-51に撃墜されて戦死した。

を狙っただけでは、部隊が被った損害とまったく引き合わなかった。ボーデンプラッテ作戦から帰還しなかったパイロットは9名——その内の5名は戦死——であり、その上に負傷1名があった。戦死者のひとりは第11中隊長、'ヴィリ'・ボットレンダー大尉だった。この1月1日の作戦に参加した他の飛行隊はいずれもそれまでより高い人的損害を被ったが、損害比率の上でⅢ./JG54を越える部隊はなかった。このわずかな攻撃効果のために、出撃パイロットの60パーセント近くを喪ったのである。大損害を受けた第Ⅲ飛行隊が作戦行動を再開することができたのは、1月の第4週に入ってからである。

ルードルフ・クレム大尉の第Ⅳ飛行隊はFw190A-8とA-9、合計25機をフェルデンから出撃させ、JG27の指揮下に入ってブリュッセル-メルスブルーク飛行場に向かった。この攻撃は成功し、少なくともウェリントン11機とスピットファイア3機を地上で破壊した。Ⅳ./JG54の損害は戦死1名、行方不明1名、捕虜1名だった。

第Ⅳ飛行隊は比較的軽い損害を受けただけでボーデンプラッテ作戦を終えたが、2週間後の戦闘では大きな打撃を受けた。1月14日、オズナブリュック爆撃のために進入して来た第8航空軍の重爆編隊を迎撃したが、P-51の強力な護衛スクリーンを突破することができず、中隊長2名を含む8名が戦死し、2名が負傷した。これはⅣ./JG54にとって最終的な一発のパンチになった。

この飛行隊は過去に3回も——ロシア戦線、アルンヘム、そしてアルデンヌ——全滅に近い大打撃を受けたが、そのたびに不死鳥のように体勢を立て直した。しかし、この回は力がつきた。Ⅳ./JG54はガルデレーゲンに撤退した後、2月12日にⅡ./JG7と改称された。ここで飛行隊長の交替があり、新任のヘルマン・シュタイガー少佐が着任した。彼の指揮下でMe262へ装備転換が始められたが、完了に至らずに敗戦を迎えた。

Ⅲ./JG54は第Ⅳ飛行隊より2週間ほど長く生き残っていた。1945年1月23日、この飛行隊は宿敵、RAFの2TAFとの決闘を再開し、ドイツ北西部の上空でD-9を8機失ったが、(パイロット4名が戦死)、テンペスト1機とスピットファイア2機を撃墜した。基地の移動があり、戦う相手が変って、2月13日には高い戦果をあげることができた。コブレンツの東、モンタバウアー地区で索敵攻撃任務で行動中の米第9航空軍のP-47の編隊と交戦し、パイロット2名戦死の損害を受けたが、少なくとも8機を撃墜した。

その翌日、新任の飛行隊長、ルードルフ・クレム少佐(元第Ⅳ飛行隊長)が着任し、飛行隊長代理、'ヴィリ'・ハイルマン中尉と交替した。2月21日、Ⅲ./JG54のパイロットたちは1名戦死の損害に対し、P-47とP-51を3機ずつ撃墜した。しかし、彼らの最後の空戦の相手は2TAFだった。2月24日、第10中隊のエーリヒ・ランゲ軍曹がテンペストの編隊との戦闘で戦死し、第9中隊のブリッシュ伍長がカナダ空軍のスピットファイア1機を撃墜した。いずれもライン地区での交戦である。

その翌日、Ⅲ./JG54の部隊呼称は正式にⅣ./JG26に変更された。

1945年2月の末に、'二代目'のⅢ./JG54が誕生した。双発機装備の駆逐飛行隊(ツェアシュテーラーグルッペ)、Ⅱ./ZG76が呼称変更されたのである。飛行隊長、カール-フリッツ・シュロフルシュタイン大尉の指揮下にあり、ドレスデンの北のグロッセンハインを基地としていたこの飛行隊は、Me410からFw190に装備転換した。グロッセンハインでJG54司令、ディートリヒ・フラバク少佐の査閲を受けたが、この新しい飛行隊がJG54の直接の指揮下に入ることはなかった。ベルリンの

東方のエッガースドルフに移動した後、近くのバート・ザーロウに置かれていたこの地区の戦闘師団本部から直接に命令を受けることになった。

3月9日、Fw190A-8 1機が対空砲火で撃墜され、部隊最初の損失となった。2日後、敵との交戦でも2機を失った。3月22日、この経験不足の飛行隊はエッガースドルフで離陸中に、第8航空群のベテラン、第4戦闘飛行群（4FG）のP-51に襲われ、フォッケウルフ6機を撃墜された。そのうちの5機は4FGの副司令、S・S・ウッズ中佐の戦果と報告された。その翌日には飛行場が掃射攻撃を受けて、Fw190 6機が損傷を受けた。兵力激減したこの飛行隊は、4月の初めに解隊された。

西部戦線における'グリュンヘルツ'の戦いの物語はある時点で断ち切られたように終ったのではなく、部隊呼称の変更の渦の中にずるずると呑み込まれて行くように終ったのである。その間、東部戦線に残ったふたつの飛行隊は苦しい状況の下で、大戦の終末までねばり強く戦い続けた。

chapter 6

東部戦線での戦い 1943-45年
eastern front 1943-45

1943年7月6日、クルスク攻勢作戦、"ツィタデレ"作戦開始の2日目、ハンネス・トラウトロフトはJG54の司令の職──彼は3年近くこの職についていた──をフベルトゥス・フォン＝ボニン少佐に引き継いだ。ボニンにとってJG54は初めての部隊ではなかった。大戦の初期に18カ月にわたってⅠ./JG54飛行隊長として戦い、それからJG52へ転出したのである。

フォン＝ボニンが指揮することになってから、JG54の対ソ連軍の戦いは新しい、もっと流動的な段階に進んでいた。"ツィタデレ"作戦が失敗に終った後、まず、彼の航空団は以前より'空飛ぶ消防隊'としての任務が増大し、新たに危険に迫られる地区があるとロシア戦線の南部、中部、北部の戦線にわたって次々に移動して戦った。そして戦う地域はだんだんに縮小して行き、最終的にバルト海沿岸の地域に長く留まって戦い続けることになった。

Ⅲ./JG54が欧州西部に移動して行った跡を埋めるために、JG54のロシア戦線の戦列に新しい1個飛行隊が配備されることになった。その部隊、Bf109G装備のⅣ./JG54は1943年7月、東プロイセンのイェーザウ（第Ⅲ飛行隊の元々の本拠地）でまったく新たに編成された。飛行隊長には74機撃墜の'腕達者'、騎士十字章を受勲しているエーリヒ・ルードルファー大尉が6./JG2中隊長の職から移動してきた。

7月22日──第Ⅳ飛行隊はまだ練成の途中だった──に、レニングラード戦線でソ連軍の新たな攻勢作戦が開始された。攻勢の目的はドイツ軍をこの都市からもっと遠くへ後退させることだった。JG54の本部小隊と第Ⅱ飛行隊は

この地域の唯一の戦闘機隊であり、可動状態の30機あまりのFw190は激しく出撃を重ねた。フォッケウルフが上空でソ連空軍と戦う一方、第II飛行隊は少数だけ残っていたBf109G-2をソ連陸軍部隊に対する地上攻撃に出撃させた。

この地上攻撃任務はパイロットたちに嫌われていた。彼らの仲間うちでは、メッサーシュミットに乗った誰かが'しくじって'ヘビー・ランディングして、その機体が廃棄処分になると、彼にはシャンペン1本が贈られる仕組みになっていたという話がある。

第II飛行隊のメッサーシュミットと並んで、北部戦域にはFw190を装備した戦闘爆撃任務専門の1個中隊があった。12機程度の兵力のこの中隊は12./JG54と呼ばれていた。10./JG54と11./JG54という部隊呼称が、すでに西部戦線でのヤーボ任務と高高度戦闘任務の中隊に割当てられていたためである。

7月30日、第II飛行隊長、ハインリヒ・ユング大尉が、ムガの東方の森林地帯上空での激戦の中で戦死した。彼の68機目、そして最後の戦果となるLa-5 1機を撃墜した後、彼自身が撃墜された。彼は11月12日に騎士十字章を死後授与された。

II./JG54飛行隊長の職は第IV飛行隊長、エーリヒ・ルドルファー大尉が引き継いだ。第IV飛行隊はまだ東プロイセンでの訓練を完了しておらず、ルドルファーが至急に転出した後、しばらく指揮官なしの状態になった。新しい飛行隊長はIV./JG27飛行隊長としてエーゲ海戦域で戦っていたルードルフ・ジナー大尉だったが、彼が着任した時、すでに第IV飛行隊はレニングラード戦線で第II飛行隊を補強するために、8月に入ってシヴェルスカヤに進出していた。

一方、I./JG54は、'ツィタデレ'作戦が尚早な時期に中途で放棄された後も中部戦域で第6航艦の指揮下に置かれていたが、こちらも損害が続いていた。クルスク作戦2日目に負傷した'ゼップル'・ザイラーの後任として、第I飛行隊長となったゲーアハルト・ホムト少佐――彼もJG27で戦って地中海戦域で高位エースになっていた――が、8月2日に出撃から帰還しなかった。これは飛行隊長として2回目の出撃だった。

2./JG54中隊長、ハンス・ゲッツ中尉がただちに飛行隊長代理として第I飛行隊の指揮をとることになったが、その彼もまさにその翌日に戦死したのである。彼の「黒の2」は、重装甲のIℓ-2シュトルモヴィークの編隊に対する攻撃が戦果なしに終った後、背面姿勢でブリヤンスク東方の森林地帯に墜落して行くのを目撃された。

その24時間後、8月5日、ソ連軍はオリョールを奪回した。I./JG54はイヴァノフカまで西方へ後退した。ソ連軍は中部戦域全体にわたって攻勢の圧力を高めてきた。そして、8月18日にはふたたびイリメニ湖の南の地域で激しい攻勢作戦を開始した。北方軍集団と中央軍集団の担当地域の境界の後方に迫った脅威に対応するために、JG54の第II、第IV両飛行隊

ロシア戦線では1943年の夏までに、JG54の各部隊のさまざまなマークの類はすでに過去のものになっていた。公式の布告により、そのような人目をひくものを機体に描くことが禁止されたからである。この種のマーク類は、ソ連軍がドイツ空軍部隊の移動の状況を知る手がかりになると見られ、禁止されたのである。この「黒の7」――第5中隊のエーミール・ラング少尉の乗機(カラー塗装図25を参照)といわれている――のコクピットの下とカウリングにはスプレーで何かを塗り消した跡が見えるが、これは以前に'グリュンヘルツ'と'アスペルンのライオン'が誇り高く描かれていた名残である。

は戦闘行動の重点を、それまでのレニングラード戦線からこの地区に移さなければならなくなった。当然のことながら、JG54の3つの飛行隊のいずれでも、パイロットの損耗は増加し始めた。

8月19日、第Ⅱ飛行隊は古つわものをひとり失った。中部戦域との境界をわずかに越えたヴィデブスク付近でYak戦闘機の大編隊と戦った時に、マックス・シュトッツ大尉はついに同じ程度の腕前の敵手に遭遇したものと思われる。シュトッツのよろめいているFw190が墜落して爆発したことは視認されたが、彼が乗機から脱出して落下傘降下したことは確かである。彼が敵の戦線内に吹き流されて行ったのは目撃されたが、そこで行方不明になった。彼は下士官パイロットから中尉、5./JG54中隊長に昇進し、189機撃墜の戦績によってドイツ空軍の第二次大戦エースの20位以上に入っている。

増大して行く損害と戦線全体で始った後退という逆風の状況の下で、シュトッツを遙かに越える戦果をあげることになる'グリュンヘルツ'のひとりのパイロットが、彼の戦歴の頂点に向かって進んでいた。Ⅰ./JG54は短い期間のうちに3人の飛行隊長──ザイラー、ホムト、ゲッツ──を次々に失い、これは明らかに部隊の士気に大きな影響があった。しかし、6週間あまりのうちで4人目の飛行隊長となった男は、長く戦い続けただけでなく、隊員の士気を鼓舞する力をもっていた。

8月13日、1./JG54中隊長、ヴァルター・ノヴォトニー中尉は9機を撃墜して、合計スコアを137機に延ばした。その5日後には150機の大台に達した。そして、その3日後の8月21日──この日、7機を撃墜してスコアを161機に伸ばした──に、ヴァルター・ノヴォトニーはⅠ./JG54飛行隊長に任命されたのである。昇進の知らせを受けた時の感想を、ノヴォトニーは手紙の中で次のように書いている。

「昨日、161機目を撃墜しました。10日間で37機を撃墜したことになります。そして今日、僕は飛行隊長に任命されました。この2つの出来事を、部隊の仲間たちはめでたいと祝ってくれました。22歳半の若僧が飛行隊長になることは滅多にないことです。普通、このポストにつくのは少佐なのです。ということは、私もいずれ大尉、もしかすると少佐になれるのでしょう。これまで想像もしなかったことです。残念ながら、柏葉飾りを授与される気配はまだありません」

この手紙の最後の一行に彼が不満の気持を表した理由はよく分かる。彼の騎士十字章受勲が比較的遅かったのと同様に、柏葉飾りの授与も遅れているとノヴォトニーは感じていた。この時期に彼が次々に伸ばしていたスコアより、ずっと少ない戦果に対して騎士十字章や柏葉飾りを授与された者はかなり多かった。

大戦の初期には40機撃墜に対して騎士十字章を授与された。しかし、その後の3年のうちに、基準になる撃墜機数はだんだんに高められ、さらにロシア戦線では撃墜戦果がすべての予想をはるかに超える大きな機数に達したので、基準の変化は一段と大きかった。西部戦線での四発重爆撃墜を高く評価するための複雑な点数システムが導入されたが、個々の勲章授与のケースの間の差違は常に存在した。他の要素──最も多かったのは指揮官としての実績──が評価に加えられることもあった。しかし、ヴァルターはこの面の評価も高かった。

実際に、誰かの作意によってノヴォトニーの当然の受勲が遅れたとは思わ

2./JG54中隊長、ハンス・ゲッツ中尉は、第Ⅰ飛行隊長代理になってから2日目、1943年8月4日に、ブリヤンスク付近で撃墜された。

れない。彼は単に運が悪かっただけなのだった。彼の撃墜スコアがその時期の勲章授与の基準に近づいた頃に、突然にそのゴール・ポストが遠くに移されたのである。柏葉飾りの場合、この高い名誉を授与られる基準はその年の始めまでは120機撃墜だったのだが、それが70機ほど高いレベルに引き上げられてしまった。

この恣意的な基準変更の罠にはまったのはノヴォトニーだけではなかった。しかし、これによって彼はいっそう頑張る気持を固めたのである。彼の長兄は彼が'ご当局の方々'のやり方に腹を立てたのではないかと手紙に書いてきたが、彼の返信は簡素で明快だった。彼の兄のルードルフに「ご心配なく」と書き、それに続いて「もし'彼ら'が私に柏葉飾りを授与したくないのなら、私は自分の力でダイヤモンド飾りを勝ち取ってみせます」と書いた。そして実際に彼は、6週間をわずかに越える期間のうちにそれを見事に実現したのである!

8月のうちにヴァルター・ノヴォトニーは49機を撃墜した。しかし、この月のうちにロシア戦線で戦っているJG54の3個飛行隊はパイロットの戦死または行方不明18名と、その上に負傷6名の損害を受けた。この損害率は桁外れに高いとは思えないかもしれないが、これはこの時期の3個飛行隊の実働パイロット数の三分の一に当たるのである。8月の末にフォン=ボニン少佐の航空団本部は中部戦域に配置されているノヴォトニーの第Ⅰ飛行隊と合流し、Ⅱ./JG54とⅣ./JG54は北部戦域の3つの飛行場、クラスノグヴァルディスク、シヴェルスカヤ、ムガから、戦局に対応して中部戦域のヴィデスク周辺の地区との間を往復して戦った。

状況は戦線のどの部分でも悪化して行った。南部戦域ではソ連軍が強力な攻勢作戦によって、ハリコフ——ウクライナ地方でのドイツ軍の最強力な拠点のひとつ——を8月23日に奪回した。今やソ連軍はドニエブル河に接近し、ウクライナの首都、キエフを脅かし始めた。9月に入って、'グリュンヘルツ'は以前よりも一層、兵力を薄く広く拡げねばならなくなった。ロシア戦線全体にわたってソ連軍の圧力が高まってきたため、JG54は北部、中部、南部の3つの戦域で同時に戦闘行動を展開せねばならなくなった。これは対ソ戦開始以来初めてのことだった。

北部戦域ではジナー大尉のⅣ./JG54が第1航艦の指揮の下で、2ダースほどの可動状態のグスタフによって、レニングラード戦線で唯一の上空掩護兵力として戦っていた。中部戦域では第6航艦指揮下に置かれた本部小隊と第Ⅰ飛行隊が、合計20機のFw190によって、ソ連軍がクルスクから西へ進撃してくる戦線の防空戦闘を担当していた。一方、ルドルファー大尉のⅡ./JG54——兵力は20機ほどのフォッケウルフ——は南部戦域のキエフに移動した。この地区ではソ連軍のウクライナ横断進撃を阻止する戦いが始まっており、そこで戦っている第4航艦の'専属'戦闘機隊——Bf109装備のJG52----を補強するためである。

9月に入って、ノヴォトニーの戦果は彗星のように激しく上昇した。9月1日、彼は10機撃墜を報告し(彼の戦歴の中で一日に確認戦果10機をあげた二度目)、合計戦果は183機になった。その3日後、彼の合計スコアは189機に伸び、ヴァルター・ノヴォトニーは長らく待ち続けた柏葉飾りをついに手に入れた。その後の4日間に重ねた撃墜によって、彼は9月8日に200機撃墜を達成した。そして、それからちょうど1週間後、9月15日にノヴォトニーの合計戦果は215

8月には5./JG54中隊長、マックス・シュトッツ曹長も戦死した。彼はまず、1935年にオーストリア陸軍航空隊に入隊し、それ以来、大戦勃発までアスペルン飛行隊の隊員だった。この写真は1942年10月に柏葉飾りを授与される前、彼が第Ⅱ飛行隊の軍曹だった頃に撮影された。

機まで高まり、彼はドイツ空軍全体で撃墜数最高のパイロットになった。

そのうちの最後の12機は、その前の2日間に第I飛行隊の基地上空での防空戦闘であげた戦果だった。彼らの基地、シャタロヴカ－オスト飛行場は最近、ソ連空軍の激しい攻撃を受け、ドイツの戦闘機4機が破壊され、ほぼ同数が損傷した。人的損害としては第12(ヤーボ)中隊のパイロット2名が戦死し、3./JG54中隊長、'バツィ'・ヴァイス中尉が負傷した。

ノヴォトニーはすでに東プロイセンにあるヒトラー総統司令部、'ヴォルフスシャンツェ'(狼の砦)に出頭するように命じられていた。総統自身が柏葉飾りを授与する式に参列するためである。しかし彼は、そこへ出発する前にさらに戦果3機を加えた。9月17日、イェルニヤ附近で20機以上の敵戦闘機の群れと遭遇し、La－5 2機とYak－9 1機を撃墜したのである。以前には勲章授与の判断を遅らせていた'ご当局の方々'は、今度はその穴埋め以上に好意的にこの件を処理してくれた。17日の追加の3機撃墜に対し、ノヴォトニーに剣飾りを授与することが即座に決められたのである。5日後の後、彼は騎士十字章に加える2つの飾りを一度に、総統から直接に授与された。

そして、ノヴォトニーの運命の星――そして彼の撃墜スコアも――は昇り続けた。10月1日、彼は大尉に昇進した。その1週間後、5分あまりのうちに4機を撃墜し、合計スコアは223機まで伸びた。10月9日に撃墜した8機のうちの1機はJG54の6000機目の戦果となった。10月11日にも8日と同じく4機の戦果をあげたが、この時は撃墜するのに9分かかった。その後の48時間のうちに彼は9機を撃墜し、250機の大台の手前6機までに近づいた。

この差の6機は翌日に撃墜した。こうして10月14日に、ヴァルター・ノヴォトニー大尉は世界で初めて250機撃墜を記録した戦闘機パイロットになった！その5日後、彼は'ヴォルフスシャンツェ'にふたたび出頭し、ダイヤモンド飾りを授与された。大戦中にこの高位の名誉を授けられた者はドイツ3軍全体で8名に過ぎなかった。このうちの7名は戦闘機隊のパイロットであり、彼は6番目の受勲者だった。

ノヴォトニーはゲッベルスの宣伝機構によって大々的な英雄に仕立てられ

Ⅰ./JG54飛行隊長に任命されて間もないヴァルター・ノヴォトニー大尉が、列の末端(カメラから最も遠い位置)に立って、総統の手から直接に柏葉飾りと剣飾りの両方を授与されるのを待っている。1943年9月22日に撮影。他の3名の受勲者は左端からハルトマン・グラッサー少佐(JG51、柏葉飾り)、ハインリヒ・プリンツ＝フォン＝ザイン－ヴィトゲンシュタイン大尉(NJG3、柏葉飾り)、ギュンター・ラル(JG52、剣飾り)。

ヴァルター・ノヴォトニー大尉は部隊マークを塗り消す命令には従ったが、彼自身の個人マーク、'ラッキー13'(コクピットの下の白い小さな字)は残していた。

たが、彼は自分がこのような驚異的な戦果を達成することができたのは、地上と空中の両方で隊員たちの惜しみない支援があったためだと彼自身で語っていた。これはこのような英雄たちの中では初めてのことだった。同僚パイロットの中では、長らく彼の列機として飛んだ素晴らしい友人、カール・'クヴァックス'・シュネラーと、その外に2人、いつも彼の小隊編隊で並んで飛んだアントン・'トニ'・デベーレとルードルフ・ラデマハーの力が大きかった。この4人は強力なチームだった。

　このチームは'ノヴォトニー・シュヴァルム'と呼ばれ、ロシア戦線で広く知られていた。それは当然のことだった。この4人組の合計戦果は実に474機に達したのだから。

　南部戦域で戦っている第II飛行隊でもひとりのパイロットが間もなく国民的な英雄になろうとしていた。9月20日にキエフ-ヴェスト飛行場に移動してきて以来、II./JG54は主にフライ・ヤークト索敵攻撃に出撃していた。彼らの任務は後退を続ける地上部隊を、どこにでも姿を現すシュトルモヴィークの攻撃から護ることであり、10月全体にわたってこの任務に当たった。しかし、2ダースほどのフォッケウルフでは地上の敵の大軍の前進を阻止することはできなかった。10月の末にはソ連軍はウクライナの首都、キエフに南と北の両側面から迫ってきた。

　II./JG54はベラヤ・ヅェルコフ——キエフの南南東75kmの都市——に撤退するように命じられた。しかし、1個小隊だけは、「キエフで戦う陸軍部隊に対する支援のために、できる限り長く残って戦う」ようにと命じられた。5./JG54中隊長、エーミール・ラング少尉はこの任務の志願者を募った。これに応じてパイロットは全員手を挙げた。ラングは彼が率いる小隊編隊のメンバー3名と予備の1名を選び、それ以外の第II飛行隊は全員、命令通りにキエフを離れた。一握りのサイズの特命部隊——Fw190 5機と地上要員8名、それにトラック3両と給油車1両——が空っぽになった飛行場に残された。

　戦闘機5機と車両3台を空き屋になった格納庫のひとつの片隅に隠して、一同はトラックに乗って町の郊外の兵舎地区まで帰り、あたりに何度も小火器の銃声が拡がる夜を過ごした。ノルベルト・ハニヒ少尉がその翌日の模様を次のように語っている。

　「11月3日、夜明けとともに我々はトラックで飛行場に向かった。基地に到着すると同時に、地獄のようなおそろしい場面が一斉にあたり一面に拡がった。ソ連軍が地上部隊のキエフへの進撃に先立って、北方と南方から強烈な砲撃を開始したのである。爆撃機と地上攻撃機の大編隊がいくつも、護衛のLa-5とYak-7戦闘機の大群とともに現れ、爆弾と対地攻撃を展開した。空一面、どこを見ても、ドイツ軍の対空砲火や戦闘機の妨害を受けることなく飛んでいるソ連機でいっぱいだった。

　「敵の攻撃が緩んだわずかな合い間を見て、ラング少尉が列機の位置についたパシュケ伍長とともに離陸し、西の方に姿を消した。2番目の分隊編隊は彼らが帰還するまで待機するように命じられていた。ソ連機の編隊は次々に現れ、キエフ外周のドイツ軍陣地に投弾し、終るとすぐに東へ向かって引き揚げて行った。

　「突然、東の方向、高い位置に2機のFw190が現れ、Il-2の編隊の護衛についている戦闘機の一群に向かって降下に入った。短い一連射が1機のLa-5に命中し、この機は火焔を噴いた。そして、煙を曳いて垂直降下に入り、

ノヴォトニーがコクピットから跳び出しているこの写真では、'13'の白い字がもっとはっきり見えている。1943年10月14日に彼はこの機に乗って250機目の個人戦果をあげ、その結果、JG54でただひとり、ダイヤモンド飾りを授与された。

国民的英雄、ヴァルター・ノヴォトニー大尉のポートレート。襟元には柏葉飾り・剣飾り・ダイヤモンド飾りつき騎士十字章が輝いている……

我々の位置の北の方の地面に激突して爆発した。Fw190は左旋回してIℓ-2の後下方の位置に入った。曳跟弾が流れた。命中だ……2機目のソ連機が落ちて行く。すぐに、シュトルモヴィークのしまりのない編隊はあたりから消え失せた。ソ連の戦闘機はまだ上空をうろうろ飛び廻っていた。待っていよう。

「1時間ほど後、'ブリー'・ラングが帰還した。格納庫までタキシングしてきて、彼は大声でいった——『右側の機関砲が両方とも弾丸が出なくなった。予備機を出してくれ。グロス、次は君が列機で飛んでくれ』。彼は急いで予備機に乗り換え、すぐにグロスを率いてふたたび離陸した。そこでまた、サーカスが始まった。

「パシュケは最初の出撃について我々に語ってくれた。ラングは4機を撃墜したのだ。二度目の出撃では6機を仕止めた。3回目もグロスと一緒に飛び上がり、さらに5機を撃墜した。この日四度目の出撃にはホフマン軍曹が列機としてラングとともに飛んだ。今やラングは100機撃墜にあと3までの所に迫っており、'レルジェ'・ホフマンは50機撃墜の2機手前まで進んでいた。

「この時は午後になっていたが、ソ連空軍の爆撃機の編隊の波は次々に進入してきた。Iℓ-2とともにボストンも飛んできた。1時間の後、3機の戦果をあげて100機撃墜を達成したラングが着陸し、大喜びした整備員たちが彼をコクピットから抱え下ろしてきて、胴上げした。そのすぐ後にホフマンも無事に帰還した。彼も2機を撃墜していた……『50機目の撃墜おめでとう、ホフマン！』……『ありがとうございます、少尉殿。あなたの100機撃墜達成おめでとう！』。ふたりは声をかけ合った。

「格納庫に向かって歩く間も、ラング少尉は、この回の3機目撃墜の興奮が続いていて、その模様を語っていた。『……僕は奴の真後ろの位置についた。奴はそれに気づくと、この馬鹿は回避運動に入る代わりに横転し始めた。僕は射撃ボタンを押した。奴の右の翼が吹っ飛んだ。奴は操縦席から跳びだし、落下傘が開いた。これが僕の100機目の撃墜だ』」

……その華々しい栄誉を担ったリーダーと並んで、この3名は有名な'ソヴォトニー・シュヴァルム'を構成していた。左側からアントーン・'トニ'・デベレ曹長、カール・'クヴァックス'・シュネラー伍長、ルードルフ・'ルディ'・ラデマハー曹長。

この一連の写真は戦時中のニュース映画フィルムから複写したもので、画質はひどいが、歴史的な重要性を持つ日——1943年11月3日、エーミール・ラング少尉がこの1日のうちに18機を撃墜した——のいくつかの場面を捉えている。これはラングとパシュケ伍長の機がこの日の1回目の出撃から帰還したところである……

'ブリー'・ラングにとって、これは素晴らしい3週間の頂点だった。元ルフトハンザのパイロットだった彼は、この3週間に実に72機を撃墜したのである。10月21日には一日で1ダースを撃墜した。しかし、この日、11月3日には一日で18機を撃墜した。エーミール・ラングは世界最高記録を樹立したのである。ドイツのメディアは一斉にこの大記録を大々的に取り上げた。

ラング少尉が地上要員たちに胴上げされている写真はいくつもの雑誌の表紙になり(本シリーズ第9巻「ロシア戦線のフォッケウルフFw190エース」76頁を参照)、アマチュアのカメラマンが撮影したその日の情景のフィルムは『ドイツ週間ニュース』に組み込まれ、全国の映画館で上映された。ところが、飛行場でのお祝い気分の後で、危険な場面があったのである。もちろん、ニュース映画を観た一般の市民に知られることはなかったのだが。

……そして4回目、最後の回の出撃が終った時、彼は1日で18機を撃墜する比類のない記録を立て、同時に個人戦果100機も達成した。拳を空に突き上げ歓んでいるラング。右側はその日一日、予備パイロットとして待機していたノルベルト・ハニヒ少尉……

パイロットたちと地上要員たちは二晩目を過ごすために空き屋になった兵舎にもどった。この晩、彼らの眠りを妨害したのは小火器の射撃音だけではなく、6両ほどのT-34戦車が門の前に現れたのである!

戦車は近くの炎上している建物に戦車砲を何発も撃ち込み、空薬莢が道路を転がって音を立て、兵舎も含めたあたりの建物はサーチライトを浴びせられた。戦車についてきたソ連軍の歩兵が捜査のために兵舎の1階に進入し、ドアを蹴破ったり家具類を叩き壊したりした。ドイツのパイロット5名は各々、短機関銃とピストル1挺ずつと、手榴弾1発ずつをもって、階段の上、2階の床に伏せて構えていたが、まったく敵に気付かれなかった。

ソ連軍の歩兵は間もなく戦車の上にもどり、戦車はこの地区を離れて行った。夜明け頃に、5名のパイロットたちは整備員たち(この大騒ぎに気づかず、眠り込んでいた)を起こし、全員そろって飛行場に向かうことができた。前の晩、飛行場はほぼ静かなままだった。フォッケウルフは離陸し、一時的な落ち着き先、ベラヤ・ツェルコフに移動した。地上要員たちも、その日の夕刻にここに到着した。

その後、キエフは11月6日に最終的にソ連軍に奪回された。この日、第Ⅱ飛行隊長エーリヒ・ルドルファー大尉が11機撃墜を報告した。しかし、今や、このような個人的な高戦果があっても、大海に水一滴と同様だった。ソ連空軍の全兵力が1万機に近づいていたからである。新型機の戦線投入と新しい戦術の展開の効果も現れ始めていた。ある戦闘機パイロットは次のように語っている。

……小隊の最後のひとりも無事に帰還した。ラング少尉とホフマン軍曹が握手してお祝いの言葉を交し、小人数のキエフ・ヴェスト飛行場残留コマンドがそれを見守っている。1943年11月3日に撮影。

「昔、我々が質的な優位に立っていた頃、我々は『フッサッサ』(フザール軽騎兵の突撃の際の伝統的な掛け声)と一声叫んでまっすぐに格闘戦に躍り込んだものだ。今や、その時代は終った。1943年の末には、生き残れるかどうかが大きな問題になっていた……有利な高い高度の位置につき、一回降下攻撃をかけ、できるだけすばやくもとの高度にもどる……『ヨー・ヨー』戦術と

「いう奴に頼る外はなかった」

　地上でも同様に、ドイツ軍はソ連軍の強烈な圧力に締め上げられていた。北部戦域ではソ連軍の新たな攻勢作戦に押されて、ドイツ軍の戦線はラトヴィア国境の手前110kmほどの地区まで後退した。北方軍集団はすでに他の戦域を補強するために13個師団を引き抜かれ、バルト海沿岸の地域に追い込まれて孤立してしまう危険に迫られていた。

　中部戦域ではJG54の本部と第Ⅰ飛行隊が戦績の好調と不調の間の変動を続けていた。10月29日、無口な下士官、オットー・キッテル曹長が、123機撃墜の戦功に対して騎士十字章を授与された。彼は後に'グリュンヘルツ'で最高の撃墜戦果を記録することになるパイロットである。しかし、有名な'ノヴォトニー・シュヴァルム'には終りの日が近づいていた。11月11日にアントーン・デベーレ曹長がスモレンスク-ヴィーテブスクの補給幹線道路上空での空戦で、空中接触――味方の戦闘機との接触という説と、相手はIℓ-2だったという説がある――によって戦死した。彼の最終的な個人戦果は100機までにあと6機であり、'トニ'・デベーレには1944年3月26日、少尉昇進と騎士十字章授与の名誉が死後に与えられた。

　デベーレの戦死の翌日、このシュヴァルムの別のメンバーが重傷を負った。悪天候の中で、カール・シュネラー軍曹はノヴォトニー飛行隊長とともにヴィーテブスクから出撃した。シュトルモヴィークの攻撃を受けている歩兵部隊から救援の要請を受けたためである。ふたりはIℓ-2を1機ずつ撃墜したが、ノヴォトニーは彼の列機が火災を起こしているのに気づいた（シュネラーの「緑の2」は友軍の対空射撃で損害を受けたといわれている）。

　'クヴァックス'・シュネラーは長機の指示に従って、乗機から脱出した。しかし、高度は70m足らずであり、落下傘が完全に開く余裕がなく、密度の高い林に落下して脳震盪と両脚骨折の重傷を負った。

　11月15日、ノヴォトニー大尉はロシア戦線での彼の最後の戦果となる2機を撃墜した。彼が'グリュンヘルツ'に新米として配属されて以来の戦果は255機に達し（その外に確認を得られなかった撃墜が少なくとも20機あるともいわれている）、ここで戦闘出撃停止を命じられた。しかし、彼はその後3カ月、その状態で第Ⅰ飛行隊長の職務を続け、1944年2月に訓練戦闘航空団、JG101の司令の職に転出した。秋に入って、彼はMe262の実戦化のために新編された特殊任務部隊、コマンド・ノヴォトニーの指揮官となり、1944年11月8日に戦死した（本シリーズ第3巻「第二次大戦のドイツジェット機エース」を参照）。

　1943年の終り近く、新たにJG54の隊員4人に騎士十字章が授与された。11月22日に受勲した2人はいずれも第Ⅱ飛行隊のメンバーだった。第5中隊長、エーミール・ラング大尉は119機撃墜、第6中隊のアルビン・ヴォルフ曹長は117機撃墜に対して授与された。12月5日にも2名に騎士十字章が授与さ

10月29日、ヴィテブスク飛行場で、オットー・キッテル曹長が、123機撃墜に対して騎士十字章を授与された。中央の人物は第Ⅳ航空軍団司令部のフランツ・ロイス大佐。彼と話している右側の将校はノヴォトニー大尉。

アントーン・デベレ曹長の戦死から'ノヴォトニー・シュヴァルム'の終末が始まった。乗機の「白の11」は1943年11月11日、スモレンスク-ヴィーテブスク幹線道路上空で空中接触に巻き込まれ、デベレは戦死した。

れた。その内のひとり、アルゼン・ヴォルフの中隊仲間であり親友であるハインリヒ・'バツィ'・シュテアー軍曹については、正確な撃墜機数が不明である。しかし、彼は前月に100機撃墜を達成しているので、ヴォルフと同じ程度、110機台であると思われる。

5日に受勲したもうひとり、ギュンター・シェール少尉は死後授与だった。彼は1943年春にI./JG54に配属され、早い時期に第一級の戦闘機パイロットの地位を確立して、戦果なしで帰還することが少ないほどだった。しかし、彼の有望な戦歴はまだ十分に伸びる前に、クルスク攻勢作戦の終末近くの時期に断ち切られた。7月16日、Ju87の1個飛行隊の護衛のための出撃の際、彼の乗機は低高度でYak-9の体当たりを受け、オリョール附近の敵戦線内に墜落して戦死した。撃墜数は71機だった。

12月15日、フベルトゥス・フォン=ボニン少佐が戦死した。彼は'グリュンヘルツ'の歴代の司令たちの中で唯一の戦死者となった。ソ連軍は新たな攻勢作戦を進め、ラトヴィアまで70km足らずの距離に迫っていた。そのソ連軍の南側に近いヴィーテブスク周辺の航空戦闘は激しく、その中でボニンは撃墜された。JG54本部と第I飛行隊の基地は包囲される危険に迫られたので、その年のうちに部隊はヴィーテブスクからオルシャに後退した。

南部戦域でもソ連軍がキエフから西方へ急進撃してきたため、第II飛行隊はベラヤ・ツェルコフからの撤退に迫られた。クリスマス当日、ポーランドのタルノポルへ即時移動するように命じられた。しかし、濃い霧のため出発にはたっぷり3日も遅れ、その間、陸軍部隊が洪水のように飛行場の周辺を通って後退して行った。12月28日、天候がわずかに回復したので、経験の高いパイロットたちは離陸した。残りのパイロットは地上要員の隊列に加わって出発した。途中、ヴィニツァを経由し、大変な労苦と少なからぬ損害を重ねた後、1月の第1週に第II飛行隊はタルノポルで全体が一緒になった。

ソ連軍地上部隊の直接的な脅威の圏外に後退したJG54は、やっとひと息入れることができた。1944年の初めには作戦行動の量が低下した。その原因の大きな部分は毎年めぐってくるロシアの悪条件、'冬将軍'だった。この状況を反映しているといえる事実がある。出撃停止の措置を受けたノヴォトニーが、そのまま形式的な第I飛行隊長の職に留まっていたことと、フォン=ボニン戦死後、後任のJG54司令がすぐには発令されなかったことの2つである。

濃い霧と大量の降雪にもかかわらず、もちろん、作戦行動がすべて停止したわけではない。新年最初の人的損失は第2中隊のオットー・ヴィンツェント中尉だった。彼はノヴォトニーが出撃停止の措置を受けた後、代って第I飛行隊を率いて出撃することが多かったが、1月4日の出撃で行方不明になった。その10日後、I./JG54は30機撃墜の戦果をあげた。その大半は、オルシャ附近での局地的な戦車攻撃の支援に当たっていたIL-2だった。

過去2年半にわたってレニングラード周辺の陣地線は、ロシア戦線の標準で見れば、目立って安定的な状態が続いていた。これは敵味方が塹壕線に入って長期間対峙した第一次大戦の西部戦線に似た状況だという者もあった。しかし、1944年1月の第3週にはすべてが一変した。ソ連軍の新たな攻勢作戦により、ラドガ湖とイリメニ湖の間のドイツ軍戦線が大きく突破された。1月21日にはムガを奪還し、ソ連軍はクラスノグヴァルデイスクに向かって南西方に進撃した。今やレニングラード発着の鉄道輸送は全面的に自由になり、1月27日にはこの都市の包囲状態は終ったと公式に発表された。

これはアントーン・マーダー中佐が大尉だった時期の写真。マーダーは大戦前のI./JG76の当初からのメンバーであり、1944年1月28日にJG54にもどって（I./JG76は1940年6月にII./JG54となった）、その4代目、そして最後から2番目の司令となった……

……そして、その1週間後、2月4日、ホルスト・アデマイト大尉（帽子をかぶっている）がヴァルター・ノヴォトニーから第I飛行隊長の職を引き継いだ。

その翌日、1月28日、JG54は新任の航空団司令、アントーン・マーダー中佐を迎えた。彼は1938年当時、初代の3./JG76中隊長であり、その昔にJG54とのつながりをもっていた。前職は本土防空航空軍所属のJG11司令である。
　マーダーがオルシャに着任してからちょうど1週間後、ヴァルター・ノヴォトニーは第Ⅰ飛行隊長の職務をホルスト・アデマイト大尉に引き継いで転出した。新任の飛行隊長は1940年に下士官パイロットとしてJG54に配属されて以来の隊員だった。
　この時期の一連の指揮官の補充・交替の最後になったのは、2月11日に実施された第Ⅲ飛行隊長ジークフリート・シュネル大尉と第Ⅳ飛行隊長ルードルフ・ジナー大尉の入れ替わりだった。この西部戦線と東部戦線の指揮官の交換の意図はまったく不明だが、'ヴム'・シュネルにとってはロシア戦線への移動が戦死という結果につながった。彼がブレスカウでⅣ./JG54の指揮をとるようになってから2週間後、2月25日、シュネル少佐（移動時に昇進）——海峡沿岸地区で最高の腕達者（エクスペルテ）のひとりになっていた——はナルヴァ上空でソ連の戦闘機編隊と戦い、戦死した。
　彼が戦死した地点、ナルヴァはエストニア国境の北端、バルト海沿岸であり、北方軍集団がレニングラード周辺の戦線を突破されて以来、いかに遠くまで後退してきていたかが現れている。2月の末までに北方軍集団の第18軍はパンター陣地線（シュテルンク）——プスコフ湖から北方のバルト海までナルヴァ河沿いに配置されていた全長50kmの防御線、西部戦線の'ヴェストヴァル'に相当する——の北端の部分に布陣した。
　1941年の夏の末、第18軍はエストニアのこの地域から出発し、レニングラードに向かってバルト海沿いに東へ進撃したのである。今や第18軍は、プスコフ湖の南に展開している姉妹部隊、第16軍とともに、ソ連軍の強圧を受け、以前に進撃したコースを逆にたどってロシアの土地からバルト海沿岸3国へ押しもどされた。そして、JG54の第Ⅰ、第Ⅱ両飛行隊も東部戦線の'ルーツ'に立ちもどった。彼らは北部戦域に移動し、2個軍に対する航空支援を開始した。航空支援という任務は1941年の快調な進撃の際と同じだが、この時は敗戦に至るまでの1年あまりにわたる苦しい後退行動に対する支援だった。
　航空団本部と第Ⅰ飛行隊は2月の末近くに、エストニアのドルパト[Dorpat：ドイツ名。エストニア名はTartu]とヴェセンベルク[Wesenberg：ドイツ名。エストニア名はRakvere]に移動した。ルドルファー大尉の第Ⅱ飛行隊は3月に、その後を追ってペツェリ[Petseri：エストニア名。ドイツ名はPetschur]とドルパトに移動した。この移動によって、それまでこの地区の唯一の戦闘機兵力だったⅣ./JG54の20機あまりのBf109Gに、2個飛行隊合計で45機の可動状態のFw190が加わった。この時期のロシア戦線は全体にわたって、このような危険な状態にあった。この少し前には、Ⅳ./JG54から乏しい兵力の三分の一に当たる第12中隊が引き抜かれ、臨時にウクライナのウマニに派遣されるありさまだった。
　1944年3月の初めと終りの'グリュンヘルツ'には、パイロットたちの受勲者がいく人も並んだ。3月2日にはアデマイト大尉が120機あまりの撃墜に対して騎士十字章の柏葉飾りを授与された（半年前、ノヴォトニーは189機撃墜に対して柏葉飾りを授与されており、この叙勲の基準はふたたび下げられたものと思われる！）。同日、'ゼップル'・ザイラーが同じく柏葉飾りを授与された。彼は''ツィタデレ'作戦の初頭に重傷を負ったが、その前に達成した100機撃

墜の戦功に対する叙勲だった。

　3月26日、ロベルト・'バツィ'・ヴァイス中尉とヴィルヘルム・フィリップ曹長に騎士十字章が授与された（戦果70機と61機に対して）。この2人はこの時、第I飛行隊所属だったが、それ以前はJG26の隊員として西部戦線で戦っており、いずれもその後に異動してIII./JG54の本土上空での'暗黒の日'の戦死者となった。そして3月の最後の受勲者、フリッツ・テクトマイアー曹長が28日に騎士十字章を授与された。彼は'バルバロッサ'作戦開始の日に最後の撃墜戦果をあげたパイロットであり、この時の戦績は100機撃墜の1機手前だった。

　ロシア戦線で戦う3つの飛行隊の3月の戦果は223機であり、大半はプスコフ湖の南方の地区で展開された苦しい防御戦闘の上空での戦果である。3月23日、アルビン・ヴォルフ中尉が撃墜した彼の135機目によって、JG54は大戦での7000機撃墜を達成した。ヴォルフはそれから戦果9機を加えた後、4月2日にプスコフの上空で対空射撃の直撃弾を受けて戦死し、4月27日に柏葉飾りを死後授与された。

　この頃までには、第2中隊の'無口な下士官'はエンジン全開のような勢いで戦果を延ばしていた。任官したばかりのオットー・キッテル少尉は、有望とは見えなかったスタートの頃の戦いぶりから一変して、4月8日には個人戦果150機を達成した。その6日後、さらに撃墜2機を加えていたキッテルは柏葉飾りを授与された。その間、4月11日にはエーミール・ラングとエーリヒ・ルドルファーも戦果144機と140機に対して柏葉飾りを授与された。

　2月にジークフリート・シュネルが戦死した後、ゲーアハルト・コアル大尉が飛行隊長代理として第IV飛行隊のグスタフの指揮に当たっていた。4月にはふたたびIV./JG54から割かれた一部の兵力が、ポーランドのルヴゥフ（現・ウクライナ領リヴォフ）を経由して南部戦域の第4航艦の指揮下に派遣され、ルーマニア戦線でJG52とともに戦った。期間は短かったが、これは苦しい戦いだった。この部隊が黒海沿岸のママイアに後退してきた時、兵力は可動状態のメッサーシュミットBf109 5機になっていた。5月にコアル大尉が第1補充要員訓練戦闘航空団（EJG1. 本土内の最初の戦闘機実用訓練部隊）司令に転出し、ヴォルフガング・シュペーテ少佐がIV./JG54飛行隊長の職を引き継いだ。シュペーテの最初の任務のひとつは、この飛行隊を6月の初めにイレスハイムに後退させ、そこでFw190A-8への機種転換を実施することだった。この作業の途中、6月22日（バルバロッサ作戦開始3周年の日）に、ソ連軍は中部戦域で大規模な夏季攻勢作戦を開始した。IV./JG54は機種改変後、作戦行動可能状態に至ると、ただちにポーランドのルブリンに進出して、進撃してくるソ連軍の正面に立った。その戦闘で第IV飛行隊は強烈な損害を被った。パイロットの半数近くが戦死または負傷したのである。その中にはシュペーテ飛行隊長自身——彼は負傷して落下傘降下した——と中隊長3名——そのうちの2名は戦死——も含まれていた。

6./JG54中隊長、アルビン・ヴォルフ中尉はプスコフ湖の南方、ベツェリを基地として戦っていたが、1944年3月23日、彼の136機目の撃墜を記録した。これはJG54の大戦勃発以来7000機目の戦果となり、ヴォルフは隊員の祝賀を受けている。

生き残った者はデブリン、次にワルシャワの北のナシエルスクに後退した。IV/JG54はパイロットの補充によって配員を定数まで回復し、4個中隊体制に改編された。この時、オランダのアルンヘムで連合軍の空挺部隊降下作戦が開始され、第IV飛行隊もこの突然に発生した危機へのドイツ空軍の対応に動員された。この飛行隊は書類の上では人員、機材ともに十分な兵力となっていたが、経験が乏しく未知数のパイロットの比率は以前より遥かに高くなっていた。

そして、彼らが西部戦線で戦う相手は経験が高い英軍と米軍の圧倒的に強力な航空戦力である。その結果は、避け難いものだった。シュペーテの飛行隊の兵力は数週間のうちにふたたび壊滅的な打撃を受けて、戦線から撤退した。西部戦線で連合軍との戦闘に復帰するためには、再度、大幅な人員と機材の補充を受けなければならなかった。

第IV飛行隊が離れて行った後、航空団本部と第I、第II両飛行隊はお馴染みのバルト海沿岸地区で戦い続けた。ここでも敵の圧力は情け容赦なく高まってきた。5月全体にわたって、ソ連空軍はエストニアとラトヴィア内の目標に対する爆撃を続けた。次の攻勢作戦のためにドイツ軍の抵抗力を弱体化しようとする意図は明らかだった。JG54の60機あまりのFw190が直面する敵は、今や、北部戦域のソ連空軍と海軍航空隊の合計で3500機と推定される大兵力だった。この大きな兵力差にもかかわらず、JG54は5月中に84機を撃墜し、損失はパイロット4名に留まった。

しかし、ソ連軍は西に向かってバルト海沿岸3国に進撃してくるだけではなかった。レニングラードが最終的に包囲から解放されたため、この都市の北方30kmのカレリア地峡を横断するフィンランド軍の戦線にも目を向けた。6月9日、この戦線の陣地に対して強力な攻撃が開始された。フィンランド軍は押されて後退し、同盟国、ドイツに援助を要請した。

それからちょうど1週間後、6月16日に、緊急に編成されたクールマイ戦闘団（クールマイ中佐指揮）[兵力は51機]がヘルシンキ経由でインモラに到着した。この臨時編成部隊の主力はJu87急降下爆撃機とFw190地上攻撃機であり、戦闘機隊としてはルドルファー大尉のII./JG54が派遣された。

それから1カ月、クールマイ戦闘団はほとんど休む間もなく出撃して、苦戦しているフィンランド軍部隊の支援に当たった。攻撃目標は敵の地上部隊と戦車部隊の集結地、補給路沿いの橋梁、地峡の両側沿いのフィンランド湾とラドガ湖上の上陸用舟艇などだった。第II飛行隊のフォッケウルフはこれらの継続的な攻撃の護衛のために大きな負担をかけられ、さまざまな原因で少なくとも7名のパイロットを失った。しかし、この作戦は何の結果も得られずに終った。ソ連軍はカレリア地峡のほぼ全部——その北の端のフィンランドの昔からの都市、ヴィープリ（現・ロシア領ヴィボルグ）も含めて——を占領し、クールマイ戦闘団は7月の後半に解隊された。

1944年6月16日、JG54の第4、第5両中隊はクールマイ戦闘団の戦闘機隊として、フィンランドのインモラに移動した。草地の飛行場で整備員が、「白の20」のエンジンと通信機を点検しており、その頭上をいささか乱れた編隊で飛んでいるのはこの戦闘団の中心の攻撃兵力、I./SG3のJu87である。

7月2日、インモラ飛行場を離陸し、急上昇して行く「白の9」。その数時間後、この飛行場はソ連空軍の激しい爆撃を受け、迎撃のために離陸しようとしていたこの機は敵の投弾によって破壊された。幸いなことに操縦していたヤーコブ・アッスマン伍長は軽傷を負っただけで脱出することができた。この爆撃によって2個中隊はFw190 3機損壊、11機が大損傷の損害を受けた。

Fw190 4機が何とか離陸したが、離脱して行く敵の編隊に追いつけなかった。そのうちの1機、第5中隊のヘルムート・ラトケ中尉がインモラに帰還した時には、あたりには爆撃の被害の煙がまだ漂っていた。

　この期間全体にわたって、バルト海沿岸3国の防空任務を背負っていたのはJG54の第2、第3両中隊のFw190、何と13機（！）に過ぎなかった。アデマイト大尉がこの地区で指揮下に置いていたのはこの2個中隊のみだったのである。第1中隊もフィンランドに派遣され、6月19日から7月15日までボスニア湾湾口のトゥルクに配備され、この周辺で行動するドイツ海軍艦艇の上空掩護の任務についていたためである。

　第1中隊と第II飛行隊が各々の任務のためのフィンランド派遣——これは'グリュンヘルツ'のフィンランドでの最後の活動になった——から引き揚げてきたのは、バルト海3国の東部の厳しい状況に対応するためだった。以前から長く予想されていたストームがついに始まったのである。しかし、引き揚げてきた部隊が加わっても、JG54の指揮下にあるFw190は50機足らずだった。ソ連軍の新たな攻勢作戦の目的はバルト海沿岸の3つの'地方'（ソ連軍にとっては）を奪還することであり、これだけの兵力のJG54が抑え切れるものではなかった。

　7月の終りまでには、第18軍は敵の攻勢を受けてプスコフ湖北方のナルヴァ陣地線から後退し、第16軍は湖の南方のプレスカウの防御線から撤退した。ドイツ軍の右翼では、7月28日にラトヴィア南部のデュナブルクが陥落した。JG54は防御線で激しく戦った。7月中に第1航艦は504機——半分近くはIℓ-2——を撃墜したが、その大半はJG54の戦果だった。

　それだけの戦果に対するJG54の損害は比較的低かった（とはいっても兵力の25パーセント近かったのだが）。7月と8月の人的損害はパイロットの戦死または行方不明11名と負傷1名である。しかし、その中には騎士十字章受勲者が2名含まれていた。

　8月7日、第I飛行隊長、ホルスト・アデマイト大尉の乗機はデュナブルク附近で小火器対空射撃の命中弾を受け、敵の戦線内に墜落した。戦死の日までの彼の個人戦果は166機だった。その3週間後、8月28日、3./JG54のヴィルヘルム・フィリップ曹長がエアラコブラの編隊との戦闘で負傷した。彼は負傷から回復した後、西部戦線の第III飛行隊に配属された。

　兵力は乏しかったが、JG54のパイロットたちはソ連空軍に強烈な打撃を与え続けた。8月15日には第2中隊がこの大戦での1000機撃墜を達成した。8月の間に戦線にある第I、第II両飛行隊と、本国で戦力回復中の第IV飛行隊は、4個飛行隊体制——戦闘機隊全体に導入された新しい編制——への再編

の作業を進めた。この作業が完了したのは10月だったが、これが完了時の編制の表である。

I./JG54　第1中隊──以前と同じ
　　　　　第2中隊──新編
　　　　　第3中隊──以前と同じ
　　　　　第4中隊──元3./KG2
II./JG54　第5中隊──以前と同じ
　　　　　第6中隊──新編
　　　　　第7中隊──元第4中隊
　　　　　第8中隊──元4./KG2
IV./JG54　第13中隊──元第10中隊
　　　　　第14中隊──元第11中隊
　　　　　第15中隊──元第12中隊
　　　　　第16中隊──元第6中隊
　　（KGは爆撃航空団の略）

　長い改編の作業の間も、それまでと同じテンポで作戦行動は続き、その期間全体にわたってソ連軍は容赦なく西方への進撃を続けた。8月の末までには、リガを迂回して西へ前進したソ連軍は、東プロイセンの北隣り、リトアニアのバルト海沿岸まで120kmの線に進出した。第16軍と第18軍はエストニア東部の'バルジ'（突出部）に封じ込められる危険に迫られたが、9月いっぱいと10月初めにかけて、ドイツ軍がまだ確保していたリガと、その南側を西へ進撃中のソ連軍の右翼（リガまでの距離は30kmだった）との間のボトルネックをうまく擦り抜けて西へ移動することができた。

　これらの2個軍の移動を掩護するために、JG54本部と第I飛行隊──アデマイト大尉が戦死した後、フランツ・アイゼナハ大尉が指揮をとっていた──はヤーコプシュタットからギャップのネックに当たるリガのスクルテ飛行場に移動した。

　I./JG54の新しい飛行隊長、アイゼナハ大尉は以前、第3中隊長だったが、1943年12月に重傷を負った。その時の撃墜数は49機だったが、戦線に復帰してから数週間のうちに戦果を2倍に伸ばした。彼は9月14日、リガ地区の上空で9機を撃墜し、100機撃墜を達成した。9月にはゲーアハルト・ティベン少尉──4月にJG3から第II飛行隊に転任してきた時の個人戦果は37機だった──も100機撃墜に到達した。

　ティベンが100機目を撃墜した9月30日に、長く第1中隊で戦ってきたハインツ・ヴェルニッケ少尉が騎士十字章を授与された。9月の末には本部、第I飛行隊、第II飛行隊はあまり広くないスクルテ飛行場からリガ-スピルヴェ飛行場──リガの東側の対岸にあり、普通の飛行場と水上機発着場を組み合わせた大きな施設──に移動していた。ここでアントーン・マーダー中佐はJG54の指揮を後任に引き継いだ。

　10月1日に着任したJG54の5代目、そして最後の航空団司令はディートリヒ・フラバクである。彼は戦前のI./JG76でマーダーの同僚の中隊長のひとりであり、この飛行隊で最初に人的損害と記録されたパイロットになった。1939年の9月3日、ポーランド軍の戦線内に不時着したが、24時間後に無事

インモラで中隊編隊指揮官として戦っていたハインツ・ヴェルニッケは、第1中隊長の任につくためフィンランドから帰ってきた。9月30日、彼は112機撃墜に対して騎士十字章を授与された。それより前、7月20日に総統暗殺未遂事件があり、それ以降、国防軍将兵全員、軍隊式敬礼から右手を高く挙げるナチス式敬礼に変え、総統への忠誠を示すように命令された。この授与式の際の写真に写ったヴェルニッケも、それに従っている。

JG54の多くの高経験パイロットは本国と占領地の補充要員訓練飛行隊（Erg.Gr）に教官として臨時に派遣され、その間も防空戦に出撃した。ザーガンの1./Erg.Gr Ostの教官、ヘルムート・ミッスナー曹長もそのひとりであり、防空戦で戦死した後、騎士十字章を授与された。

に味方の戦線に帰ってきたのである。1940年8月から1942年10月までⅡ./JG54飛行隊長として戦った後、ロシア戦線南部戦域のJG52司令の職に転任し、ここで出発点である'グリュンヘルツ'にもどってきた。彼は大佐に昇進し、柏葉飾りつきの騎士十字章を襟元につけていた。

10月の初め、戦死して間もない2名に騎士十字章が死後授与された。第4中隊のヘルムート・グロルムス少尉はⅡ./JG54がクールマイ戦闘団の一部としてフィンランドに派遣されている期間に戦死した。最終撃墜数75機の彼は、6月19日にヴィープリの東方で対空射撃によって撃墜されたのである。

10月6日にグロルムスが受勲してから4日後、ヘルムート・ミッスナー軍曹も騎士十字章を死後授与された。彼は1943年7月、ツィタデレ作戦放棄の直後にJG54の5000機目の戦果をあげ、その後、本土でEJG1の教官の職についた。JG54の補充人員訓練飛行隊が廃止された後、経験の高いパイロット多数が教官として本土内の訓練センターに短い期間の交替で派遣され、飛行学校を修了した若いパイロットたちに実戦での知識と技術を伝えるように努めていた。

本土上空の航空戦が激化してくると、これらの教官が本土防空戦に投入され始めた。これはJG54の戦史にほとんど記録されていないが、彼らは多くの撃墜戦果をあげた。しかし、その戦闘で人的損害が出ることは不可避であり、ヘルムート・ミッスナーもそのうちのひとりとなった。9月12日、彼の機は高度6500mから降下に入り、ザーガン（現・ポーランド領ザガニ）附近で地上に激突した。酸素システムの故障が原因だったと見られている。

一方、東部戦線では、フラバク大佐指揮下の2個飛行隊はソ連空軍に対して大きな戦果をあげ続けていた。10月10日、第Ⅰ飛行隊長、フランツ・アイゼナハ大尉が、107機撃墜に対して騎士十字章を授与された。そして、その5日後には、第6中隊のヘルムート・ヴェトシュタイン中尉がJG54の9000機目の敵機を撃墜した。

過去の多くの例が示すように、個々のパイロットの高い戦績が地上の戦局に影響を与えることはできない。JG54の場合も、戦局は急速にクライマックスに向かって動いていた。10月9日、ソ連軍は東プロイセンの最北部のメムラント附近でバルト海沿岸に到達した。その48時間後にラトヴィアの首都、リガが陥落した。その直前に航空団本部と第Ⅰ飛行隊はリガを離れて西方60kmのトウクムに移動し、第Ⅱ飛行隊はメムラントの北、海岸沿いのリバウ－グロビンに後退した。

ソ連軍がリトアニアを南部に至るまで奪還し、東プロイセンの北東部に迫ると、JG54は——彼らが以前から協同して戦ってきた第16軍、第18軍とともに——他のドイツ軍部隊との地上でのつながりを断ち切られ、クーアランド半島に封じ込められた状態になった。

クーアランド半島はJG54が大戦中の活動のドラマの最終幕を展開する舞台となった。この半島は幅が広く、ずんぐりした形であり、東側は

'ノヴォトニー・シュヴァルム'の4人目のメンバー、ルードルフ・ラデマハー少尉もザーガンのErg.Gr Ostに教官として派遣された。9月30日、彼は元JG54司令、トラウトロフト大佐から騎士十字章を（95機撃墜に対して）授与された。彼の松葉杖は、12日前の米軍の重爆との戦闘による負傷の名残である。'ルディ'・ラデマハーは完全に回復し、大戦末期にはMe262ジェット戦闘機の上位エースのひとりとなった（本シリーズ第3巻「第二次大戦のドイツジェット機エース」を参照）。

この写真には1944年12月6日に騎士十字章を授与された2人、ウーリヒ・ヴェネルト少尉とゲルト・ティベン少尉が写っている。左端から、ヘルベルト・フィンダイセン大尉（1945年2月からⅡ./JG54飛行隊長）、ヴェネルト（第5中隊）、ティベン（第7中隊）、ヘルマン・シュラインヘーゲ少尉（第8中隊。1945年2月19日に騎士鉄十字章受勲）。1944/45年の冬、クーアランド戦線で撮影された。

リガ湾、西側はバルト海に面していた。ソ連軍は半島の南側の線を着実に抑え、半島北端の沖合い25kmのエセル島（その間のイルベン海峡は、1941年にヴァルター・ノヴォトニー少尉が救命ボートに乗って3日間漂流した場所である）も占領していた。

最初は戦線を突破して、この地区から脱出することも考えられたが、ヒットラーがその行動を禁止した。10月21日、半島内のすべての部隊は防御体勢に転じるように命じられたのである。総統は半島内の部隊をどのように使うかを考えていた。ソ連軍がドイツ本国に向かって進撃し始めた時、半島から出撃した部隊によってソ連軍の右側面を攻撃する反攻作戦を考えていたのである。しかし、この計画は実現しなかった。ソ連軍は彼らの最終目標、ベルリンを目指して西方へ進撃する時、彼らの背後の脅威となるクーアランドのドイツ軍に対し、彼らの方から攻撃をかけてきたのである。

実際に、大戦末期の数カ月のうちに少なくとも6回、ソ連軍はクーアランドのポケット地区に対して本格的な攻勢作戦を実施した。しかし、いずれの回も大きな損害を被って撃退され、この半島は大戦終結までドイツ軍に確保されていた。

11月上旬のJG54の兵力は可動状態のFw190 60機以上であり、クーアランド半島の西側の半分——本部と第I飛行隊はシュルンデン[Schrunden：ドイツ名。リトアニア名はSkrunda]とヴィンダウ、第II飛行隊は10月中旬以来のリバウ[Libau：ドイツ名。リトアニア名はLiepaja]——に展開していた。ソ連軍は最初の攻勢作戦を開始し、空戦の相手は十分過ぎるほど多かった。10月27日、JG54は少なくとも57機を撃墜した。その翌日、ルドルファー大尉は11機を撃墜し、個人スコアは200機を超えて202機に達した。

11月3日、第3中隊のウールリヒ・ヴェルニッツ軍曹が撃墜82機に対して騎士十字章を授与された。彼は8月28日に82機目のPe-2を撃墜した後、重い病に倒れてパイロットの任務につけなくなっていた。'ピピファクス'・ヴェルニッツはオットー・キッテルの列機として飛ぶことが多かった。そのキッテルは11月25日に騎士十字章剣飾りを授与された。彼の個人スコアは230機に迫っており、部隊の11月の戦いのハイライトだった。それから2週間も経たない12月6日に、ウールリヒ・ヴェーネルト少尉とゲーアハルト・ティベン少尉が、86機と116機撃墜に対して騎士十字章を授与された。

このように多くの受勲が示す通り、個人スコアは伸び続けたが、ソ連空軍の圧力は一段と高まった。

クーアランド半島はソ連軍の絶え間ない攻勢の圧力に曝されていたが、そこにも楽しいひと休みの時間はあった。サンタクロース（実はフリッツ・ハンゲブラウク軍曹）がリバウ-ノルト飛行場の第7中隊を訪れ、大歓迎を受けている。

JG54の第I、第II両飛行隊の大戦末期の重要な任務のひとつは、鈍重で敵の攻撃に脆弱なJu52機雷掃海機（ニックネームはマウシス）に対する護衛だった。巨大な磁気フープを機体下面に装備したJu52MSはクーアランドに対する海上輸送を維持するために、連日任務についていた。

12月14日、リバウの市街と港湾施設が二波の猛爆撃を受けた。JG54は爆撃機44機を撃墜した。しかし、その翌日も敵の爆撃機編隊が襲ってきた。彼らは前日より大きな打撃——'グリュンヘルツ'は56機を撃墜した——を受けたが、JG54に大きな損害を与えた。地上で11機が破壊され、かなりの数の死傷者があった。

　12月21日、ソ連軍は約2000機の航空兵力の支援の下に、それまでにも打撃を受けている北方軍集団の2個軍を壊滅させるために、改めて攻勢作戦を開始した。しかし、前の2回の場合と同様に、この回の攻勢作戦もドイツ軍の頑強な抵抗を受けて挫折した。'第三次クーアランド攻防戦'の初日に、JG54は敵機42機を撃墜した。第3中隊所属で、経験豊富なパイロット、ハンス-ヨアヒム・クロシンスキ軍曹は短時間のうちにPe-2を5機撃墜したが、最後の1機——彼の76機目の戦果——の後方銃座の射弾を浴びて、視力と片足を失う重傷を負った。この'クロッシ'・クロシンスキは負傷から4カ月近く後、1945年4月17日に騎士十字章授与の名誉を受けた。

　12月の損害の中には第1中隊長、ハインツ・ヴァーニッケ少尉も入っていた。12月27日に列機、ヴォリエン伍長との空中接触で戦死した。その2日後、第8中隊のカール・ハーゲル伍長がIℓ-2の編隊を攻撃した後に行方不明になった。彼は1944年の最後の人的損害であり、クーアランドで戦う2個飛行隊の12月29日の唯一の戦死者だった——これは同じ日に本土上空の激戦で大損害を被ったIII./JG54の状況と対照的である。

　これは後日に出された合計の数字だが、大戦勃発以来、1944年の末までのJG54の敵機撃墜は9141機に達した。'グリュンヘルツ'のこの戦績はドイツ戦闘機部隊の第2位である。これを越えていたのはロシア戦線南部戦域で戦っていた強力な競争相手、JG52だけだった。

　新年のクーアランドには'ボーデンプラッテ'のタイプの野心的なゼスチャーはなく、間断ないソ連空軍の重圧に対抗して戦おうという厳しい決意が部隊全体に漲っていた。第二次大戦の最後の18週間に、東部戦線で戦うJG54の2個飛行隊はさらに300機以上の戦果を加えることになる。彼らも毎月、ひと握りほどの人的損害を重ね、いく人かのパイロットが最後のいくつかの勲章を授与された。

　1月25日、エーリヒ・ルドルファー少佐が個人戦果210機に対して剣飾りを授与された。この日、北方軍集団——1週間前、中部戦域の兵力補強のために5個師団を割くようにとヒトラーの命令を受けていた——は'クーアラント'軍集団と改称された。ソ連軍の四度目の大攻勢を撃退した後、2月3日、兵力が減耗している第16軍と第18軍からさらに数個師団が引き抜かれた。

　今やJG54は資材、さらに燃料を節約する必要性に迫られていた。ほぼすべての補給品は海路で輸送され、空輸される量はごくわずかであり、航空団の作戦行動にも制約が加えられ始めた。前線への出撃は地上部隊が敵の直接的な脅威に曝されている時に限られた。しかし、

しかし、'グリュンヘルツ'にとって最も大きな打撃となる戦死者を出したのは、やはり地上戦線上空での戦闘だった。1945年2月14日、オットー・キッテル中尉はIℓ-2を攻撃している時に撃墜され、戦死した。これはかなり前の時期の写真であり、この'物静かな下士官'の姿からは、彼がドイツ空軍第4位の戦果をあげる戦闘機パイロットになることは誰も想像できなかった。

リバウ-ノルト飛行場のコンクリートの防護格納庫の前から橇遊びに出ようとしている'不敗の第6中隊'のメンバー。小型の馬にまたがっているのはアントン・'トニ'・マイスナー軍曹、橇の正面で手綱を握っているのは中隊長、ヘルムート・ヴェトシュタイン大尉である。

JG54のパイロットたちはリバウとヴィンダウに至る海上補給線——クーアランドの死命を制する重要性をもっていた——維持のためのパトロール任務を続け、小規模な船団や個々の船舶に対するソ連空軍機と魚雷艇の攻撃を撃退した。ソ連軍はこの海上補給路封鎖のために機雷を敷設したので、第1機雷探知飛行隊（MSGr）のJu52がバルト海西部の機雷掃海の任務に当たり、JG54は敵機の攻撃に脆弱なJu52の護衛の任務も担当した。

　2月の半ばには'グリュンヘルツ'にとって1945年の最も悲しむべき損失があったが、それが発生したのはやはり地上部隊の前線の上空だった。2月の第2週にソ連軍はトゥクムの南方、ズクステの周辺のドイツ軍陣地に対して大兵力による集中的な航空攻撃を開始した。第5回目の大規模攻勢作戦の準備のためである。JG54は全力をあげて、この地区を担当している第16軍の部隊に対する掩護を展開した。2月14日の正午をわずかに過ぎた頃、2./JG54の小隊編隊ひとつが中隊長オットー・キッテル中尉の指揮の下にヅァベルンから出撃し、南東方50kmのズクステに向かった。この編隊のメンバーのひとり、レンナー先任士官候補生が次のように語っている。

　「我々は一列縦隊で次々に地上の目標を攻撃しているIl-2 14機を発見し、高度150mで空戦に入った。小隊編隊は敵の縦隊の側面から襲いかかった。私はキッテル中尉の右、100mほど離れた位置についていた。我々の後方で2機のIl-2が急上昇して離脱して行き、キッテル中尉はIl-2 1機を狙い、後方の低い位置から攻撃をかけた。一瞬の後、彼のコクピットのあたりにいくつか閃光が見え、彼の乗機が右に傾いて緩い降下に入った。彼の機の右の主翼が地面に接触し、すぐに機体全体から焔が噴き出した。機体はそのまま200mほど先の森の縁まで滑って行き、完全に燃え切った。落下傘は見えなかった」

　キッテルの機には、Il-2のどれか1機の後部銃手の射弾が命中したものと思われる。オットー・キッテルは1941年秋にJG54に配備されて以来、ソ連機267機を撃墜し、この航空団で最高の個人戦果をあげた。彼の第2中隊の隊員のひとりの言葉によれば、「彼の死によって、クーアランドのポケット地区にいる我々全員は暗闇に陥った」のである。

　しかし、戦闘は続いて行った。2月19日、8./JG54のヘルマン・シュラインヘーゲ少尉が約90機撃墜に対して騎士十字章を授与された。その5日後、7./JG54中隊長、ゲーアハルト・ティベン中尉は4機を撃墜し、彼の個人戦果は150機に達した。2月中旬の末に、第II飛行隊はリバウ-グロゼン飛行場からわずかに離れたリバウ-ノルト飛行場に移動した。この新しい基地は外洋からリバウ軍港と商業港に入る2本の運河の間の狭い土地に設けられていたのだが、前の基地に比べて明らかに有利な条件を備えていた。飛行場の縁に

第1航艦司令官、クルト・ブルクバイル上級大将——顔つきは厳しいが、部下から'パパ'と呼ばれていた——が、8./JG54のフーゴー・ブロホ少尉に騎士十字章受勲のお祝いの言葉をかけている。左側は第8中隊長、ヘルマン・シュラインヘーゲ少尉。1945年3月12日、クーアランドのシラヴァで撮影された。

孤立した状況の下でも、JG54のパイロットたちはユーモアのセンス——時には絞首刑の真似のような薄気味悪いものもあったが——を最後まで失わなかった。シュライバー上級士官候補生は逃亡罪（大戦の最後の数週間には、逃亡兵の処刑は珍しいことではなかった）で絞首されたのではなく、リバウ-ノルト飛行場の防護格納庫の外のガス警報装置を使って、馬鹿な演技をして見せたのである。このすばらしいテクノロジーで作られた警報装置——鉄道のレールの切れ端と、それを叩くハンマー——は、幸いなことに一度も使われなかった。

シュラインヘーゲ少尉とティベン少尉が作戦説明を聞いた後、II./JG54本部作戦室から外に現れた。1945年初め、リバウ-ノルト飛行場での場面である。オーストリア陸軍航空隊の第II戦闘航空団が1938年の春にドイツ空軍に編入されて以来、7年の間にさまざまな変化があった。しかし、その全体にわたって変わらないものがあった。それはこの飛行隊のマークだった。マークはフォッケウルフのカウリングに描かれることはなくなったが、本部のドアの上の表示板に'アスペルンのライオン'が描かれている……

コンクリートの掩体格納庫——第一次大戦当時、この軍港を占領し、使用していたドイツ海軍が建設したもの——があり、頻度を増してくるソ連空軍の攻撃に対して有効な防御施設となったからである。

第II飛行隊長、エーリヒ・ルドルファー少佐は、Me262を装備したII./JG7飛行隊長任命の辞令を受け、2月にリバウ-ノルトから転出して行った。彼の後任として敗戦までのわずかな期間の第II飛行隊長になったのは、騎士十字章受勲者、ヘルベルト・フィンダイセン大尉である。彼はそれまで戦術偵察機のパイロットであり、42機撃墜を記録していた。

敗戦まで2カ月あまりのこの時期にも、東部戦線のJG54は整備員たちの努力に支えられて、可動状態のFw190は70機を超えていた。フラバク大佐の航空団本部と第II飛行隊は半島の西部——第18軍の担当地区——のシラヴァとリバウを基地とし、第I飛行隊の基地は半島東部——第16軍の担当——のヅァベルンだった。

JG54は十分な機材をもっていたが、それを飛ばすために燃料は不足していた。作戦行動の兵力は常に小隊（シュヴァルム）または分隊編隊（ロッテ）ひとつだけに限られていた。出撃の機数は少なかったが、この部隊の実力に相手側も自然な敬意を払っていた。捕虜になったあるソ連の戦闘機パイロットが訊問に対してではなく、自分の側から次のように語っている。

「'グリュンヘルツ'の戦闘機はいつも空戦では我々より遥かに少ない数だが、彼らが現れると必ず激戦になる。パイロットたちは皆、エースだ」

その'エース'たちのうちの2人が大戦の最後の叙勲を受けた。第8中隊のフーゴー・ブロッホ少尉が、79機撃墜に対して3月12日に騎士十字章を授与

……そして、不思議な運命のもつれの末に、ポーランド侵攻作戦の時期以来の別の飛行隊のマークが敗戦の時まで残っていた。6./JG54中隊長、ヘルムート・ヴェトシュタイン大尉は英軍に降服するために、長く海上を飛んでデンマークに到着した。彼の背後、左側はアッシュ伍長、画面の右端は胴体後部の便乗者2名のうちのひとり。クーアランド半島で戦った国防軍の将兵のひとりとして、彼は左の袖口に戦役参加者袖飾りをつけている。このシルバーグレイのバンドには、'クールラント'という文字が書かれ、その後方には'へら鹿の頭'のバッジがつけられ（画面では見えない）、前の方には——画面に見える通り——'十字軍の十字'のバッジが描かれている。

され、第7中隊長、ゲーアハルト・ティベン中尉が150機撃墜に対して柏葉飾りを授与された。それは4月8日だった。

それからちょうど1カ月後にすべては終った。5月7日にカール・デーニッツ海軍元帥が署名したドイツ全軍に対する降伏命令（1週間前にアードルフ・ヒットラーはベルリンの地下司令部で自殺していた）にはクーアランド軍集団についての特別な追加項目があり、「………地上輸送によって撤退を実施するために、全力をあげてすべての手段を尽さねばならない」と述べられていた。

しかし、'グリュンヘルツ'は自分たちの力で撤退することができた。早い時期からJG54は、必要最低限の人員を除いて地上要員を、東プロイセンのノイハウゼンとハイリゲンバイルにある第Ⅰ、第Ⅱ両飛行隊の支援基地にだんだんに撤退させていた。Fw190には残っていた燃料の最後の一滴まで搭載した。バルト海を横断する長い距離を飛んで、シュレスヴィヒ-ホルシュタン州とデンマークに進出している英軍部隊に降伏するためである。機体の後部の区画からは無線装置が取り外され、その狭いスペースには各々の機付き整備班長が詰め込まれて離陸して行った。

ゲーアハルト・ティベン中尉と列機のフリードリヒ・ハンゲブラウク曹長は、5月8日の朝、最後に離陸したグループに入っていた。胴体後部が普段より重い状態の機を慎重に操縦して、2人は海上横断のコースに入った。炎上するリバウの市街の黒煙が後方の水平線の向こうに消えた頃、ティベンは北方、彼らの針路上を単機で飛ぶPe-2を発見した。明らかにドイツ軍の撤退のための船舶を見張っている偵察機だった。やはり戦闘機パイロットの本能が頭をもたげた。彼は太陽を背にして降下し、2航過の攻撃で敵機をバルト海に叩き落とした。

ティベン中尉の獲物は欧州の航空戦の最後の犠牲のうちの1機だった。そして、JG54の9500機に近い戦果——ポーランド侵攻作戦の第一日目にワルシャワ周辺でグテツァイト少尉が撃墜した'P.24'に始まる——の最後の1機である。これだけの戦果に対して、'グリュンヘルツ'とその祖先に当たる部隊のパイロットの人命損失は、戦死または行方不明650名近くである。

付録
appendices

第54戦闘航空団(JG54)'グリュンヘルツ'

指揮官一覧
■航空団司令

姓	階級	名	就任	離任
メティヒ	少佐	マルティン	40.02.01	40.08.24
トラウトロフト	中佐	ハンネス	40.08.25	43.07.06
フォン=ボニン	少佐	フベルトゥス	43.07.06	43.02.15(†)
マーダー	中佐	アントーン	44.01.28	44.09.30
フラバク	大佐	ディートリヒ	44.10.01	45.05.08

飛行隊長

■Ⅰ./JG54(40.09.14まではⅠ./JG70)

姓	階級	名	就任	離任
キティル	少佐		39.07.	39.09.15
フォン=クラモン-タウバデル	少佐	ハンス-ユルゲン	39.09.15	39.12.27
フォン=ボニン	大尉	フベルトゥス	39.12.28	41.07.01
フォン=ゼーレ	大尉	エーリヒ	41.07.02	41.12.20
エッケルレ	大尉	フランツ	41.12.20	42.02.14(†)
フィリップ	大尉	ハンス	42.02.17	43.04.01
ザイラー	少佐	ラインハルト	43.04.15	43.07.06
ホムート	少佐	ゲーアハルト	43.08.01	43.08.03(†)
ゲッツ(代理)	中尉	ハンス	43.08.03	43.08.04(†)
ノヴォトニー	大尉	ヴァルター	43.08.21	44.02.04
アデマイト	大尉	ホルスト	44.02.04	44.08.08(†)
アイゼナハ	大尉	フランツ	44.08.09	45.05.08

■Ⅱ./JG54 (40.06.12まではⅠ./JG76)

姓	階級	名	就任	離任
フォン=ミューラー-リーンツブルク	大尉	ヴィルフリート	38.04.01	40.01.09
ブルーメンザート	少佐	アルベルト	40.01.10	40.02.05
クラウト	少佐	リヒャルト	40.02.05	40.07.10
ヴィンテラー	大尉		40.07.11	40.08.14
フラバク	大尉	ディートリヒ	40.08.26	42.10.27
ハーン	大尉	ハンス	42.11.19	43.02.21
ユング	大尉	ハインリヒ	43.02.21	43.07.30(†)
ルドルファー	大尉	エーリヒ	43.08.01	45.02
フィンダイセン	大尉	ヘルベルト	45.02	45.05.08

■Ⅲ./JG54 (40.06.05まではⅠ./JG21)

姓	階級	名	就任	離任
メティヒ	少佐	マルティーン	39.07.15	40.02.02
ウルシュ	大尉	フリッツ	40.02.03	40.09.05(†)
ショルツ(代理)	中尉	ギュンター	40.09.06	40.11.04
リグニッツ	大尉	アルノルト	40.11.04	41.09.30(†)
ザイラー	大尉	ラインハルト	41.10.01	43.04.15
シュネル	大尉	ジークフリート	43.05	44.02.11
バツァク(代理)	中尉	ルードルフ	44.02	44.02.21
クレム(代理)	大尉	ルードルフ	44.02.	44.03.
ジナー	大尉	ルードルフ	44.03	44.03.10
シューアー	大尉	ヴェルナー	44.03.14	44.07.20
ヴァイス	大尉	ロベルト	44.07.21	44.12.29(†)
ドルテンマン(代理)	中尉	ハンス	45.01	45.01
ハイルマン(代理)	中尉	ヴィルヘルム	45.01	45.02.14
クレム	少佐	ルードルフ	45.02.14	45.02.25

■Ⅲ./JG54 (二度目の新編)

姓	階級	名	就任	離任
シュロスシュタイン	大尉	フリッツ-カール	45.03	45.04

■Ⅳ./JG54

姓	階級	名	就任	離任
ルドルファー	大尉	エーリヒ	43.07	43.07.30
ジナー	大尉	ルードルフ	43.08	44.02.11
シュネル	大尉	ジークフリート	44.02.11	44.02.25(†)
コアル(代理)	大尉	ゲーアハルト	44.02	44.05
シュベーテ	大尉	ヴォルフガング	44.05	44.09.30
クレム	大尉	ルードルフ	44.10.01	45.02.12

姓	階級	名	就任	離任
■ErgSt-ErgGr/JG54	中隊長/飛行隊長			
ツィルケン	中尉		40.10	41.03
エッガース	中尉		41.03	42.03

注：(†)　戦闘行動中の戦死または行方不明が理由となった離任

騎士十字賞受勲者

騎士十字賞と、それに加えられる高位の'柏葉飾り'と'剣飾り'を授与されたJG54の将兵を、受勲時期の順に配列した。受勲日付の横のカッコの中の数字は、授与の対象となった撃墜機数である。

姓	階級	名	騎士十字賞	柏葉飾り	剣飾り
フラバク、	大尉、	ディートリヒ	40.10.21(16)		
フィリップ、	中尉/大尉、	ハンス	40.10.22(20)	41.08.21(62)	42.03.12(82)
リグニッツ、	中尉、	アルノルト	40.11.05(19)(†)		
ボブ、	中尉、	ハンス-エッケハルト	41.03.07(19)		
トラウトロフト、	少佐、	ハンネス	41.07.27(20)		
ミュテリヒ、	中尉、	フーベルト	41.08.06(31)(†)		
ベース、	少尉、	ヨーゼフ	41.08.06(28)		
オスターマン、	少尉/中尉、	マックス-ヘルムート	41.09.04(29)	42.03.10(62)	42.05.17(100)(†)
エッケルレ、	大尉、	フランツ	41.09.18(30)	42.03.12(59)	*(†)
シュペーテ、	中尉、	ヴォルフガング	41.10.05(45)	42.04.23(72)	
ザイラー、	大尉、	ラインハルト	41.12.20(42)	44.03.02(100)	
ケンプ、	曹長、	カール	42.02.04(41)		
バイスヴェンガー、	少尉、	ハンス	42.05.09(47)	42.09.30(100)(†)	
ハニヒ、	少尉、	ホルスト	42.05.09(48)		
シュトッツ、	曹長、	マタクス	42.06.16(53)(†)	42.10.30(100)	
ヴァンデル、	大尉、	ヨアヒム	42.08.21(64)(†)		
ノヴォトニー、	少尉/大尉、	ヴァルター	(1)42.09.04(56)	43.09.04(189)	43.09.22(218)
ザティヒ、	大尉、	カール	42.09.19(53)	*(†)	
シリング、	軍曹、	ヴィルヘルム	42.10.10(46)		
ジーグラー、	軍曹、	ペーター	42.11.03(48)	*(†)	
ハイヤー、	少尉、	ハンス-ヨアヒム	42.11.25(53)	*(†)	
ゲッツ、	少尉、	ハンス	42.12.23(48)(†)		
ツヴァイガルト、	曹長、	オイゲン-ルートヴィヒ	43.01.22(54)(†)		
ルップ、	少尉、	フリードリヒ	43.01.24(50)(†)		
ブローエンレ、	曹長、	ヘルベルト	43.03.14(57)		
フィンク、	中尉、	ギュンター	43.03.14(46)(†)		
アデマイト、	少尉/大尉、	ホルスト	43.04.16(53)	44.03.02(C.120)(†)	
キッテル、	准尉/中尉、	オットー	43.10.29(123)	44.04.14(152)	44.11.25(C.230)(†)
ユング、	大尉、	ハインリヒ	43.11.12(68)	*(†)	
ラング、	少尉/中尉、	エーミール	43.11.22(119)	44.04.11(144)	
ヴォルフ、	曹長/中尉、	アルビン	43.11.22(117)*(†)	44.04.27(144)	
シェール、	少尉、	ギュンター	43.12.05(71)*(†)		
シュテール、	軍曹、	ハインリヒ	43.12.05(86)(†)		
ロース、	少尉、	ゲーアハルト	44.02.05(85)(†)		
デベーレ、	少尉、	アントーン	44.03.26(94)		
ヴァイス、	中尉/大尉、	ロベルト	44.03.26(70)	45.03.21(121)	*(†)
テクトマイアー、	軍曹、	フリッツ	44.03.28(99)		
ルドルファー、	少佐、	エーリヒ(2)	44.04.11(130)	45.01.25(210)	
トイマー、	中尉、	アルフレート	44.08.19(76)		
ブラント、	曹長、	パウル	44.09.29(30)(†)		
ヴェルニッケ、	中尉、	ハインツ	44.09.30(112)(†)		
グロルムス、	少尉、	ヘルムート	44.10.06(75)(†)		
アイゼナハ、	大尉、	フランツ	44.10.10(107)		
ミッスナー、	曹長、	ヘルムート	44.10.10(82)	*(†)	
ヴェルニッツ、	軍曹、	ウールリヒ	44.11.01(82)		
クレム、	大尉、	ルードルフ	44.11.18(40)		
ティベン、	少尉、	ゲーアハルト	44.12.06(116)	45.08.08(C.150)	
ヴェーネルト、	少尉、	ウールリヒ	44.12.06(86)		
ホフマン、	少尉、	ラインハルト	45.01.28(66)	*(†)	
シュラインヘーゲ、	少尉、	ヘルマン	45.02.19(C.90)		
ブロッホ、	少尉、	フーゴ	45.03.21(79)		
クロシンスキ、	少尉、	ハンス-ヨアヒム	45.04.17(76)		

(†)── JG54在籍中、作戦行動で戦死または行方不明
*── 死後授与
(C.)── …前後の数
(1)── ヴァルター・ノヴォトニー大尉は43.10.19に、JG54で唯一のダイヤモンド飾り(250機撃墜に対して)受勲者となった。
(2)── エーリヒ・ルドルファー少尉はJG2在籍中、41.05.01に19機撃墜に対して騎士十字章を授与されていた。

■各部隊の撃墜機数

	撃墜機数	戦域
JG54本部	165	東部戦線
Ⅰ./JG54	3564	主に東部戦線
Ⅱ./JG54	3621	主に東部戦線
Ⅲ./JG54	1500	主に西部戦線
Ⅳ./JG54	550	東部、西部、本土
Erg./JG54	51	東部戦線
合計	9451	

■個人撃墜戦果

撃墜戦果200機以上のJG54パイロット	4名
〃　　100機以上　　〃	20名
〃　　 50機以上　　〃	58名
〃　　 20機以上　　〃	114名

代表的な戦闘序列

飛行隊	指揮官	基地	機種	定数/可動機
1939.09.01／ポーランド侵攻作戦				
Ⅰ./JG21	メティヒ大尉	グーテンフェルト	Bf109D	46/46
Ⅰ./JG76	ミューラー-リーンツブルク大尉	オットミュツ	Bf109E	51/45
				合計97/91
1940.05.10／西部戦線進行作戦				
Stab JG54	メティヒ大尉	ベブリンゲン	Bf109E	4/4
Ⅰ./JG54	フォン=ボニン大尉	ベブリンゲン	Bf109E	42/27
Ⅰ./JG21	ウルシュ大尉	ミュンヘン-グラドバハ	Bf109E	46/34
Ⅰ./JG76	クラウト中佐	オーベル-オルム	Bf109E	46/39
				合計138/104
1940.08.13／英国本土航空戦				
Stab JG54	メティヒ少佐	カンパーニュ-レーグイン	Bf109E	4/2
Ⅰ./JG54	フォン=ボニン大尉	カンパーニュ-レーグイン	Bf109E	34/24
Ⅱ./JG54	ヴィンテラー大尉	エルムランジャン	Bf109E	36/32
Ⅲ./JG54	ウルシュ大尉	グイン-シュド	Bf109	42/40
				合計116/98
1941.04.05／バルカン侵攻作戦				
Stab JG54	トラウトロフト少佐	グラース-タレルホフ	Bf109E	3/3
Ⅱ./JG54	フラバク大尉	グラース-タレルホフ	Bf109E	32/24
Ⅲ./JG54	リグニッツ大尉	アラド	Bf109E	42/39
				合計77/66
1941.06.21／ソ連侵攻作戦（バルバロッサ）				
Stab JG54	トラウトロフト少佐	リンデンタール	Bf109F	4/3
Ⅰ./JG54	フォン=ボニン大尉	ラウテンベルク	Bf109F	40/34
Ⅱ./JG54	フラバク大尉	トラケーネン Bf109F	40/33	
Ⅲ./JG54	リグニッツ大尉	ブルーメンフェルト	Bf109F	40/35
				合計124/105
1942.07.20／ソ連-レニングラード戦線				
Stab JG54	トラウトロフト少佐	シヴェルスカヤ	Bf109F	4/3
Ⅰ./JG54	フィリップ大尉	クラスノグヴァルデイスク	Bf109F/G	43/27
Ⅱ./JG54	フラバク大尉	リェルビツィ	Bf109F/G	40/28
Ⅲ./JG54	ザイラー大尉	シヴェルスカヤ	Bf109	27/21
				合計14/79

付録

1943.08.31／ソ連‐ツィタデレ作戦後

Stab JG54	フォン＝ボニン大尉	シヴェルスカヤ	Fw190A	2/2
Ⅰ./JG54	ノヴォトニー大尉	ポルタワ	Fw190A	23/15
Ⅱ./JG54	ルドルファー大尉	キエフ	Fw190A	29/14
Ⅲ./JG54	ジナー大尉 シヴェルスカヤ		Bf109G	?7/21

1944.07.26／ノルマンディ攻防作戦中期

| Ⅲ./JG54 | ヴァイス大尉 | ヴィラクーブレ | Fw190A | 30/16 |

1945.01.01／本土（ボーデンプラッテ作戦）

Ⅲ./JG54	ドルテンマン中尉（代理）	フュルシュテナウ	Fw190D-9	20/17
Ⅳ./JG54	クレム大尉 フェルデン		Fw190A	43/25
				合計63-42

1945.04.01／クーアランド半島

Stab JG54	フラバク中佐	シラヴァ	Fw190A	5/4
Ⅰ./JG54	アイゼナハ大尉	ツァベルン	Fw190A	35/32
Ⅱ./JG54	フィンダイセン大尉	リバウ-ノルト	Fw190A	44/41
				合計84-77

カラー塗装図　解説
colour plates

1
フィアット　CR.32bis　「179」　1938年夏
ウィーン-アスペルン　I./JG138

I./JG138の装備となった元オーストリア陸軍航空隊機、フィアットCR.32bis複葉戦闘機は最初、銀色塗装がそのまま残され、国籍標識だけが塗り変えられて、オーナーの変更が明らかにされた（8頁の写真を参照）。1938年の春から初夏にかけて、少なくとも20機あまりがドイツ空軍の標準のRLM70/71に塗り変えられたようである。飛行隊のマーク——アスペルンの紋章——が機に初めて描かれたのもこの時期である。基地の所在地、アスペルンは1905年以降、ウィーン広域圏の一部になったが、1世紀前にここでナポレオンの大軍を決定的に打破した時には小さい村だった。

2
アヴィア　B534　「黄色の14」　1939年夏
ヘルツォゲナウラッハ　I./JG70

I./JG70は最初、もっと珍しいアヴィアB534を装備したが、同様に期間は短かった。このチェコ製の複葉戦闘機を使用したのは1個中隊、3./JG70だけだった。この中隊は、ヘルツォゲナウラッハでJG70が新編された時、この基地に設けられたアヴィア訓練コース（レーアガンク）を基礎として編成された。I./JG138のフィアットとは違って、アヴィアは改めてカモフラージュ塗装する必要はなかった。旧チェコ空軍標準の暗いオリーヴ色の塗装がそのまま残され、垂直尾翼のアヴィア社の商標も残された。胴体と主翼に黒十字の国籍標識が描かれ、方向舵のチェコの丸い標識がカギ十字に変えられただけである。ドイツ空軍のスタイルの機番が胴体に加えられたが、飛行隊マークはまだ現れていない。

3
Bf109D-1　「黄色の10」　1939年9月
アリス-ロストケン　I./JG21

I./JG21はI./JG1から割かれた人員を基幹として新編されたが、機材も後者が使用していたBf109Dを引き継いだ（I./JG1はエーミールへの機種転換を進めていた）。I./JG21は前のオーナーのスピナーの縞模様（中隊ごとに色が異なる）はそのまま残したが、飛行隊マークには多少手を加え、'十字軍の十字'の盾の地の色を白から赤に変えた。そして、新たに中隊ごとのマークを採用した。「黄色の10」がついている3./JG21の'羽ばたく鷹'のマークは、比較的早い時期に姿を消した。

4
Bf109E-1　「白の2」　1939年9月　シュトゥベンドルフ　I./JG76

ウィーン飛行隊は部隊呼称と装備機材が変わったが、マークは以前から変わらなかった（そして、その後の4年間、残っていた）。I./JG76が最初に受領したエーミールの1機、製造番号3349の塗装とマーキングは、教科書通りの大戦初期のパターンである。中隊長、ディートリヒ・フラバク中尉は1939年9月3日、彼の乗機「白の1」（製造番号3311）でポーランド軍戦線内に不時着したが、無事帰還した後、この「白の2」に乗ることがあったといわれている。

5
Bf109E-1　「赤の9」　1940年夏　ル・マン　I./JG21

1940年の初め、Bf109の'正式'の任務が本土防空から制空戦闘に変更された。それに伴って、西部戦線電撃戦開始の前に新しいカモフラージュのパターンが導入された。胴下面のヘルブラウ（薄いグレイーブルー）が上の方、胴体側面と垂直尾翼にまで拡げられた。第2中隊の派手な塗装のスピナー（I./JG1から受け継いだもの）、中隊のマーク、サイズの大きい国籍標識（周囲の外枠は戦前のスタイルの細い線）に注目されたい。個機番号はコクピットの前に書かれている。

6
Bf109E-1　「白の11」　1940年8月　グイン-シュド　III./JG54

フランス侵攻作戦と英国本土航空戦との合間の時期にI./JG21はIII./JG54と呼称が変わり、それまでの丹念なスピナー塗装は姿を消し始めた。1940年の夏の末はマーキングとカモフラージュに関しては変化の時期であり、例外的なケースが増加した。「白の11」の胴体側面の広いヘルブラウの部分は、すでに薄いスプレーの線でトーンダウンされている。この'薄汚れ'パターンと、カウリングと方向舵の黄色塗装は、英国本土航空戦の末まで続いた。しかし、この初期型エーミールの国籍標識は戦前のスタイルとサイズに描き直され、カギ十字は1940年の規定通りに方向安定板の側に収まっている。

7
Bf109E-3　「白のダブル・シェヴロン」
1940年9月　カンパーニュ-レーグイン　I./JG54飛行隊長
フベルトゥス・フォン=ボニン大尉

この何となくくすんだ感じの機——I./JG54飛行隊長の乗機——は、上段の「白の11」よりまだらの密度が高く、黄色の戦術的標識塗装の類はまったくない。'中抜き'スタイルの指揮官標識に注目されたい。細い輪廓の線（白または黒）だけでシェヴロンを描く手法は珍しいが、特にユニークなものではない。まだ、飛行隊マークが現れる気配はない。コクピットの漫画はもともと、スペイン内戦の際のコンドル部隊の3./J88 'ミッキーマウス'中隊のエンブレムであり、フォン=ボニンはこの中隊で4機撃墜の戦果を記録している。

8
Bf109E-4　「白の1」　1940年10月
カンパーニュ-レーグイン　4./JG54中隊長
ハンス・フィリップ中尉

ハンス・フィリップ中尉の「白の1」は'英国本土航空戦の109の原型'のように見える。お決まりのアスペルン飛行隊のマークをコクピットの下に描き、方向舵のスコアボードには彼のスタートの時期の戦果——当時、彼はドイツ空軍の上位12人の中に入っていた——が並んでいる。18本のバーの最後の3本は彼が10月13日に撃墜した第66飛行隊のスピットファイアである（部隊はこの日、墜落または不時着3機の損害があったが、2機は修理された）。彼はそれに2機を加え、9日後に騎士十字章を授与された。

9
Bf109E-4　「黒のダブル・シェヴロン」
1941年4月　グラース-タレルホフ　I./JG54飛行隊長
ディートリヒ・フラバク大尉

この機の塗装は特徴的な3色の'クレイジー・ペイヴィング'カモフラージュである。第II飛行隊のエーミールは1941年の初めにこの塗装になった。黄色のカウリングと胴体後部のバンドはバルカン戦域の味方識別用。方向舵も黄色に塗装するよう規定されていたが、それに従っていないのは、フラバクがこの時までの16機撃墜のバーを消したくなかったためだろう。ユーゴスラヴィア作戦が成功裏に終わった時、II./JG54はBf109Fに機種転換したが、塗装はE型の時と同じだった。その後、フラバクの乗機だったエーミールはフランスの戦闘機訓練学校で使用されたが、撃墜マークはそのまま残された。

10
Bf109F-2　「黄色の1」　1941年8月　サルディニエ
4./JG54中隊長　ハンス・シュモーラー-ハルディ中尉

この初期型フリードリヒは全体にわたって、あまり目立たない薄目の斑点がスプレーされている。ソ連侵攻作戦初期の状態。しかし、この機のマーキングは注目に値する。カウリングには第3中隊の'狩人'のマークをつけ、機番の前にはやや小さい'ミッキーマウス'(カラー塗装図7を参照)を描いている。シュモーラー-ハルディもコンドル部隊の3./J88の元隊員だったが、内戦の終り近くに配属されたため、スペインでの戦果はなかった。

11

Bf109E-7 「白の12」 1941年9月 ウインダウ 1.(Eins)/JG54

バルバロッサ作戦開始の少し後、作戦行動中隊(アインザッツシュタッフェル)の訓練生パイロットがバルト海沿岸地域で前線に出た。このE-7は彼らの乗機の代表的な例である。スピナーは白塗り、白い機番のサイズは大きく(以前にフランスで使用されていた時のまま)、それにこの戦域の黄色の味方識別マーキングが加わっている。風防の前下方の'ヴァイキング船'が作戦行動中隊だけの部隊マークであるのか、それとも補充要員訓練飛行隊全体のものであるのかは不明である(色彩も全面的には確認されていない)。その後、これと同じマークは、1942～42年の冬にシヴェルスカヤ基地に配備された1.(Eins)/JG54のフリードリヒの一部にも描かれていた。

12

Bf109F-2 「黒の8」 1941年11月 シヴェルスカヤ III./JG54

ロシア戦線の最初の冬の間、シヴェルスカヤに配備されていた第III飛行隊のF-2の一部に、きわめて不器用な冬の白いカモフラージュ塗装が施された。主翼と尾翼の上面と胴体の背筋の部分だけが白塗装になった。第8中隊の'ピープマッツ'(雀ちゃん)のマークは2./JG21(カラー塗装図5を参照)の時代からそのまま残っている。1940年の半ばに部隊呼称が変更された時に、胴体後部に第III飛行隊の記号、波型のバーが記入されるようになった。ロシア戦線に入って以来、この中隊の機番と記号の色が赤から黒に変更された。赤のマーキングが多いソ連機と誤認されることを少なくするためである。間もなく有名になる'グリュンヘルツ'のエンブレムは、この時期から部隊の機につけられ始めた。

13

Bf109F-2 「黒のシェヴロンと縦のバー2本」 1942年3月
クラスノグヴァルデイスク I./JG54飛行隊長
ハンス・フィリップ大尉

近くのシヴェルスカヤから移動してきて間もないフィリップのF-2(胴体に本部次席指揮官の記号をつけている)は、図版12よりももっと効果的な冬のカモフラージュ塗装になっており、また、地上の雪や氷に対応しやすくするために、主脚柱のカバーが取り外されている。1940年10月半ばには16機だった彼のスコア(プロファイル8を参照)は、今や100機達成に近づいていた(1942年3月31日に到達)。ここで初めて現れた第I飛行隊のマーク、ニュルンベルクの紋章と、'グリュンヘルツ'の部隊エンブレムに注目されたい。

14

Bf109F-2 「黒の8」 1942年5月
クラスノグヴァルデイスク I./JG54 オットー・キッテル軍曹

1942年の春までには、第I飛行隊のマークとJG54の紋章は部隊の全機に定着しており、オットー・キッテルのダークグリーンのスプリンター・カモフラージュ塗装のフリードリヒにも描かれている。控え目な下士官パイロット、キッテルのこの時の戦果はほぼ1年かけて重ねた15機であり、その後の彼が'グリュンヘルツ'全体のトップのエースになるとは誰も予想していなかった。彼が1945年2月に戦死するまでにあげた戦果はソ連機267機であり、キッテル中尉は今も航空戦史の上で第4位のエースの地位に立っている。

15

Bf109F-4 「白のダブル・シェヴロン」 1942年夏

シヴェルスカヤ III./JG54飛行隊長 ラインハルト・ザイラー大尉

'ゼップ'・ザイラーは1941年の末に第III飛行隊長に任じられた後、彼がそれまでの乗機に次々と描いていた個人エンブレム'トップ・ハット'(46頁の写真を参照)をあきらめたようである。このエンブレムは彼のコンドル部隊での戦いの記念だった。'トップ・ハット'は2./J88のマークであり、彼は1937年8月から翌年2月までの間に共和政府軍の9機を撃墜した。もうひとつ姿を消したものは方向舵にていねいに描かれていたスコアボードである。これは彼のこれまでの乗機の特徴だったので、なくなったことが非常に目立つ。この機は飛行隊長の予備機なのだろうか、それとも方向舵を取り変えた直後なのだろうか?

16

Bf109F-2 「白の8」 1942年夏 リェルピッツイ
1./JG54 ヴァルター・ノヴォトニー少尉

このスプリンター・カモフラージュのフリードリヒのマーキングと塗装は塗装図14の例とよく似ている(白と黒との違いはあるが、機番は同じ8)。しかし
3本が並んでいる。これはJG54の多くのエクスペルテの中で最も天才的なパイロット、ヴァルター・ノヴォトニーの乗機である。その後、間もなく彼は撃墜戦果を56機まで延ばし、1942年9月4日に騎士十字章を授与された。この時期、'ノヴィ'の戦績の急上昇は始まったばかりだった。

17

Bf109G-2 「白のシェヴロンとバー」 1942年夏
シヴェルスカヤ JG54航空団司令 ハンネス・トラウトロフト少佐

ハンネス・トラウトロフトはこの航空団の強烈な印象をもつモティーフ、'グリュンヘルツ'のエンブレムを創った人である。JG54の中で誰が最も有名なのか、ヴァルター・ノヴォトニーか彼なのか、皆が噂し合った。もちろん、トラウトロフトは敵機撃墜数では彼の部下のオーストリア出身の若者には及ばなかった。彼の最終的な6-9**
個人スコア、ソ連機撃墜は、東部戦線の標準的なレベルである。彼のすばらしさはもって生まれた人間としての資質――リーダーシップと部下を思い遣る気持ち――である。このグスタフも含めて、彼のロシア戦線での乗機のすべてには'グリュンヘルツ'のエンブレムが描かれ、その中には彼の指揮下の3つの飛行隊のマークが小さく描き込まれていた。

18

Bf109G-2/R6 「黄色の7」 1943年2月 ヅイトミル II./JG54

ロシア戦線での二度目の冬、JG54のいくつもの部隊はロシアの別の地域の戦線に派遣された。この第6中隊の機関砲装備の'ガンボート'(砲艦)は、1943年の初めにウクライナ地方でソ連の航空部隊と地上部隊とに対する戦闘を展開した。長く風雨に曝されてくたびれ切ったこの機の外見は、戦場の酷い条件と、ソ連軍の圧力の高まりに伴って戦闘機隊の出撃が増大して行ったことを示している。第II飛行隊長、ハンス・'アッシ'・ハーン少佐が1943年2月21日に敵戦線内に不時着した時の乗機は、このタイプの機である。

19

Fw190A-4 「黒のダブル・シェヴロンとバー」 1943年2月
クラスノグヴァルデイスク JG54司令
ハンネス・トラウトロフト中佐

第II飛行隊が中央と南方の戦域で戦っている一方、航空団本部とI./JG54はFw190への機種転換の作業を進めた(彼らはこの型で敗戦まで戦った)。国籍標識の前後の指揮官記号と、3つの飛行隊のマークを描き込んだ'グリュンヘルツ'エンブレムは、これがトラウトロフト司令(中佐に進級していた)の乗機であることを示している。黒十字の前に塗料で何かを塗りつぶした跡が見えるので、この機は新品ではなく誰かの乗機を転用したのかもしれない。

20
Fw190A-4　「白の9」　1943年2月
クラスノグヴァルデイスク　I./JG54　カール・シュネラー軍曹
「白の9」は1./JG54が最初に受領したフォッケウルフ数機のうちの1機であり、ていねいに塗装された冬のカモフラージュの下で、激しい使用による機体の摩耗が始まっている。この機は通常、'クヴァックス'・シュネラーの乗機に当てられていた。この時期、彼はいつもヴァルター・ノヴォトニー少尉の列機として飛んでいた。

21
Fw190A-4　「白の10」　1943年春　クラスノグヴァルデイスク
1./JG54中隊長　ヴァルター・ノヴォトニー少尉
この「白の10」も最初は、上の段のシュネラーの機と同様に全体が白塗装だったはずだが、この時は基本的なダークグリーン2色のカモフラージュの大きなブロックが拡がっている(白の塗装はすぐに洗い落とすことができた)。これは雪解けの頃のロシアの自然とマッチさせるための措置である。

22
Fw190A-4　「白の2」　1943年春　クラスノグヴァルデイスク
I./JG54　アントーン・デベーレ曹長
'トニ'・デベーレのFw190も、雪のかたまりがまだ大きく残る春の末のロシアの土地で目立たないようにするために、上の段のノヴォトニーの機と同じような塗装手直しを受けたのだろう。デベレは皆の注目を浴びた'ノヴォトニー・シュヴァルム'の3番目のメンバーである。このチームは1943年3～11月の期間に驚異的な高い戦果をあげた。

23
Fw190A-5　「黒の5」　1943年春の末
シヴェルスカヤ　II./JG54　マックス・シュトッツ中尉
この年の初め、ロシア戦線南方のウクライナ地方などに派遣されて戦った第II飛行隊は、この時期にFw190への機種転換を進めており、転換は夏の初めまでに完了した。第II飛行隊のフォッケウルフのカモフラージュには2つのパターンがあり、「黒の5」の塗装はその一方で、下面以外の全体にわたって2種のダークグリーンをスプレーで境界を曖昧に塗装していた。ロシア戦線の戦域標識----胴体の黄色バンドなど----と、飛行隊と航空団のマークもつけている(部隊マークの類は間もなく消える運命だったのだが)。

24
Bf109G-4/R6　「黒の6」　1943年5月
オルデンブルク　III./JG54
1943年の春には、第III飛行隊はそれ以前とまったく異った種類の戦いの中に置かれていた。西部戦線に移動したが、海峡地区での戦闘には不適と判断され、ドイツ北部で米軍の重爆に対する防空戦闘に参加することになったのである。第III飛行隊の標準的なグレー塗装の'ガンボード'には、はじめのうち、部隊や個人のマーキングの類はつけられず、目立っているのはカウリング下面の黄色だけだった。

25
Fw190A-5　「黒の7」　1943年5月
シヴェルスカヤ　II./JG54　エーミール・ラング少尉
ロシア戦線では新たな面での秘匿性(ある意味でのカモフラージュ)重視が始まった。公式の命令によって部隊のマークの類を機体に描くことが禁止されたのである。それはソ連側がドイツ空軍の部隊の移動や配置の情報を知るための手がかりになるという理由だった。多くの部隊はこの命令を無視したが、JG54は違っていた。この第5中隊の「黒の7」のカウリングには新しいグリーンの大き目の斑点があるが、これは'アスペルンのライオン'のマーク----フィアット複葉機の時代以来、第II飛行隊のすべての機につけられていた----が消された跡である。I./JG54でも'ニュルンベルクの盾'が短命に終わり、すでに消えていた----デベレの「白の2」(カラー塗装図22参照)のカウ

リングの黒い盾型はその跡である。

26
Fw190A-5　「黒の12」　1943年5月頃
シヴェルスカヤ　5./JG54　ノルベルト・ハニヒ士官候補生
ハンネス・トラウトロフトの有名な'グリュンヘルツ'はやや長く生き延びたが(航空団の中の個々の部隊の動向を秘匿するために、飛行隊や中隊のマークを消すことが先ず重視された)、これも間もなく消えた。1943年の末、この「黒の12」のように北方戦線の夏のカモフラージュ----明るい目のブラウンと2種のグリーンのスプレー----塗装の新品のFw190が前線に送られて来たが、長い年月にわたってJG54の誇りだった'グリュンヘルツ'はこれらの機からあとかたもなく消えていた。

27
Fw190A-6　「白の12」　1943年9月　シャタロヴスカ-オスト
1./JG54中隊長　ヘルムート・ヴェトシュタイン少尉
新しい塗装の初期の例。この2つのトーンのカモフラージュ塗装のA-6の全体に、秘匿性重視の意識が現れているように見える。だが、本当にそうかな。これはJG51の機にも時々見られるものだが、JG54の機はこの戦域の味方識別のための胴体の黄色バンドの幅が黒十字の横幅とちょうど同じで、その背景になるように塗装されており、この特徴がこの機の所属を現わしている。「白の12」はノヴォトニーの後任の第1中隊長、ヴェトシュタイン少尉の乗機である。

28
Fw190A-6　「黒のダブル・シェヴロン」　1943年11月
ヴィテブスク　I./JG54飛行隊長　ヴァルター・ノヴォトニー大尉
1943年8月に第I飛行隊長に任命されたヴァルター・ノヴォトニーは部隊マーク禁止の命令に従ったが、彼自身の個人的なタッチを乗機の飾りに残した。彼の'ラッキー13'----以前の乗機、フリードリヒ(カラー塗装図16を参照)では'グリュンヘルツ'の中に書かれていた----が、コクピットの縁の下の方にふたたび現れたのである。そしてそれよりも小さい8の字----以前に彼が好きだった乗機の機番と思われる----が、二重シェヴロンの小さい方の矢尻形のくぼみに書かれている。

29
Bf109G-6　「黄色の1」　1944年2月
ルトヴィヒスルスト　9./JG54中隊長　ヴィルヘルム・シリング中尉
いささか皮肉なことに、西部戦線に'分遣された'第III飛行隊が、この時期'グリュンヘルツ'を飛ばせ続けている(鼓動させ続けているというべきか?)ことになった。この「黄色の1」ではIII./JG54がI./JG21だった時代からのマーク、'十字軍の十字'の盾が、コクピットの下の'グリュンヘルツ'の中に描かれている。双方とも以前より少しサイズは小さい。同様にやや小さくなったが、カウリングには第9中隊の'にやりと笑う悪魔'が描かれている。本土防空部隊の一翼を担う第III飛行隊の機には、JG54に割り当てられた色、ブルーのバンドを胴体後部に塗装している。

30
Fw190A-8　「黒の5」　1944年6月　ヴィラクーブレ　III./JG54
Dデイの直前にフォッケウルフに機種転換していた第III飛行隊は、本土防空部隊の華やかなマーキングをつけたままでフランスに急行した。このFw190のマーキングは上の段のグスタフとほぼ同じであり、機番と第III飛行隊の記号、垂直のバーの色が第8中隊を示す黒である点だけが異っている。しかし、中隊マークは姿を消した。第III飛行隊は長らく飛行隊記号として波型のバーを使用していたが、西部に到着した後のある時期に、他の部隊でもっと広く使われていた垂直のバー(シリングのG-6にもつけられている)に変更された。

31
Fw190A-6　「黒のダブル・シェヴロン」　1944年6月

インモラ　Ⅱ./JG54飛行隊長　エーリヒ・ルドルファー大尉

ロシア戦線の機のマーキングはやや地味だった。このエーリヒ・ルドルファーの乗機は暗褐色のぼかし斑点が拡がっている暗いグレーの塗装で、カウリングと方向安定板だけが明るいグレーである。彼はJG54で第3位のエース(キッテルとノヴォトニーに続く)だった。この地区は第Ⅱ飛行隊の2個中隊が1944年の半ばにフィンランドに臨時派遣されていた時の状態であり、白塗りのスピナーには螺旋状の黒い線が巻かれている。後方が開いたスタイルの第Ⅱ飛行隊の指揮官記号シェヴロンは、サイズが小さくなって残されている。

32

Fw190A-8　「白の3」　1944年7月　ラブリン
10./JG54中隊長　カール・ブリル中尉

'グリュンヘルツ'の伝統を維持したもうひとつの飛行隊はⅣ./JG54である。Ⅲ./JG54が西部戦線に移動した後、その跡を埋めるために1943年の半ばに東プロイセンで新編された。最初はグスタフ装備だったが、1年後にFw190に機種転換し、同時に新しい飛行隊マークを定めた。これは東プロイセンの首都、ケーニヒスベルクの紋章を様式化したもので、このブリル中尉の、「白の3」に見られるように、これを'グリュンヘルツ'の中に小さく描いてカウリングにつけた。第10中隊(後に第13中隊)のマーク、'インディアンの頭'に注目されたい。大戦の末期、第Ⅳ飛行隊の機の多くは、この「白の3」のようにカーブの浅い波型バーを胴体後部につけていた。

33

Fw190A-6　「白のシェヴロンとバー」　1944年7月
ドルパト　エストニア　JG54司令　アントーン・マーダー中佐

JG54の最後から2人目の司令、マーダー中佐の乗機のひとつがこのA-6である。ブラウンとグリーンの区分け塗りのカモフラージュ(色は褪せている)である。このパターンは戦線の北部戦域で夏の間に多く使われ、ことに偵察機の部隊に好まれた。マーダー中佐がJG54司令に在任した8カ月間の戦果は18機と推測される。

34

Fw190A-6　「黄色の5」　1944年9月
リガ-スクルテ　 Ⅰ./JG54　オットー・キッテル中尉

オットー・キッテルは第2中隊の'目立たない'下士官だった時期から、その後に大きく変化した。彼の目覚ましい戦果の上昇のきっかけになったのは第Ⅰ飛行隊のBf109からFw190への機種転換だった。1944年に4月に150機撃墜を記録したキッテルは、10月に入ってJG54がクーアラントに後退する頃、3./JG54で戦って200機撃墜達成に近づいていた(この単純な塗装とマーキングの「黄色の5」には何の変化もなかったが)。その後、彼は中隊長として2./JG54にもどり、1945年2月14日に戦死するまでに個人戦果を267機まで伸ばした。

35

Fw190A-8　「白の1」　1944年9月
リガ-スピルヴェ　1./JG54中隊長　ハインツ・ヴェルニッケ少尉

オットー・キッテルと同様に、ハインツ・'ピーブル'・ヴェルニッケは第Ⅰ飛行隊の下士官パイロットとして長く戦った後、将校に昇進し、中隊長の地位についた。

36

Fw190A-8　「黒の6」　1944年11月　メルティッツ　Ⅳ./JG54

Ⅳ./JG54は二度にわたり全滅に近い打撃を受けた。最初は1944年夏、ロシア戦線の中部戦域であり、二度目は9月にアルンヘム地区で連合軍の空挺作戦制圧のために戦った時である。その後、第Ⅳ飛行隊は1944年の秋の終わりに本土防空部隊に編入された。ここでこの飛行隊のフォッケウルフは第Ⅲ飛行隊の機(カラー塗装図30)と同じく、JG54に割り当てられたブルーのバンドを胴体に塗装した(この2つの飛行隊が一緒に行動することはなかったのだが)。この第14中隊の「黒の6」に見られるように、部隊マークの類(カラー塗装図32の「白の3」には描かれている)は全部姿を消している。

37

Fw190A-8　「黒のダブル・シェヴロン」　1944年11月
Ⅰ./JG54飛行隊長　フランツ・アイゼナハ大尉

クーアラント半島防御戦の最後の6カ月の間、第Ⅰ、第Ⅱ両飛行隊の機はすべて、くすんだ色調の塗装に統一された。各々の機の違いは指揮官記号と機番だけだった。このA-8の単純なダブル・シェヴロンは、これがフランツ・アイゼナハ大尉の乗機であることを示している。大尉は駆逐機パイロット出身であり、大戦の最後の9か月、Ⅰ./JG54を指揮した。

38

Fw190A-8　「白の12」　1944年12月　シュルンデン
1./JG54中隊長　ヨーゼフ・ハインツェラー中尉

「白の12」の機体は全体に濃淡の違いのある褐色のぼかした斑点で覆われ、スピナーの白と黒の螺旋の線だけが例外的に目立っている。これはヨーゼフ・ハインツェラー中尉の乗機である。中尉は12月の末に、戦死したハインル・ヴェルニッケ少尉の後任として第1中隊長になり、無事に大戦終結まで戦った。撃墜35機。

39

Fw190D-9　「黒の4」　1944年12月　ファレルブッシュ　Ⅲ./JG54

1944年9月、Ⅲ./JG54はクルト・タンクの最新のデザイン、'長っ鼻'と呼ばれたFw190D-9を最初に装備する部隊として選ばれた。この第10中隊の「黒の4」は1944年末の第Ⅲ飛行隊の塗装とマーキングの代表的な例である。知られている限りでは、JG54の'長っ鼻'は本土防空部隊のブルーの胴体後部のバンドを塗装せず、個人マークや名前をつけた機もあった。1944年12月29日、Ⅲ./JG54の'暗黒の日'の大損失の中に、第11中隊のヴェルナー・ルップ伍長操縦の「黒の4」が入っているが、このイラストはその機であると思われる。

40

Fw190A-9　「黄色の1」　1945年2月
リバウ-ノルト　6./JG54中隊長　ヘルムート・ヴェトシュタイン大尉

ヴァルター・ノヴォトニーの後任として1./JG54の中隊長になったヴェトシュタイン(カラー塗装図27を参照)は、1944年10月にJG54の9000機目に当たる戦果をあげ、第6中隊長として戦争結末を迎えた。彼のA-9──キャノピーの上部がふくらんでいるタイプは、敗戦が近づいている時期の東部戦線の'グリュンヘルツ'の戦闘機の代表的な姿を示している。部隊マークも戦域マーキングもなく、機番と飛行隊記号だけをつけ、戦う意志を漲らせている。このスタイルで敗戦の日までソ連空軍の大兵力の正面に立って戦い続けた。

41

Fw190A-8　「黒の12」　1945年3月　エッガースドルフ　Ⅲ./JG54

それとは対照的に、JG54の西部戦線(正確に言えばドイツ本土)での最後の時期の戦いは、'グリュンヘルツ'の部隊とはまったく関係がなかった。1945年2月、駆逐機の部隊(Ⅲ./ZG76)の人員を転用して、二代目の第Ⅲ飛行隊が新設された。3個中隊(第9、第10、第11)のみの編制のこの飛行隊の作戦行動の期間はごく短かった。この第10中隊の「黒の12」はこの部隊の典型的な例である。単純化された国籍標識と、大戦末期の第Ⅳ飛行隊の記号に似た'カーブの浅い波型バー'をつけているだけである。方向安定板の鉤十字の上に斜めの白いバンドを重ねている例は、Ⅲ./JG54に数機あった。何か戦術的な目的のある記号なのか、それとも'政治的な意思表示'であるかは不明である。

42

Fi156C　「SB+UG」　1943年2月
クラスノグヴァルデイスク　Ⅰ./JG54

他の戦闘航空団と同様に、大規模な移動がある時には、JG54は他

133

の部隊の輸送機(Iu52、Me323など)の支援を受けた。それとは別に'グリュンヘルツ'の各飛行隊は、日常の部隊運営活動のために各々小型の連絡機を配備されていた。このスキーを装備した冬のカモフラージュ塗装のシュトルヒの所属は一目で分かる。'グリュンヘルツ'エンブレムと飛行隊バッジがはっきり描かれている。

43
Go145A 「PV+HA」 1941年8月 サルディニエ II./JG54
このゴータ複座練習機はソ連侵攻作戦初期の第II飛行隊常備の連絡機の1機である。全体がカモフラージュ塗装であり、黄色の戦域標識も塗られていて、II./JG54のフリードリヒとほとんど同じである。しかし、この戦争の道具とは見えにくいこのスタイルの機には、'アスペルンのライオン'はあまり似合わない。

44
Kl35D 「BD+QK」 1942年8月 シヴェルスカヤ III./JG54
III./JG54にはパイロットたちが日常作業に使うために、このスマートな小型機が配備されていた。この見事なカモフラージュ塗装で十分に整備されたクレムのカウリングには所有権を主張する'羽根の生えた木靴'が描かれており、第7中隊の専用とされていたのかもしれない。

原書の参考図書　SERECTED BIBLIOGRAPHY

CONSTABLE, TREVOR J and TOLIVER, COL RAYMOND F, *Horrido! Fighter Aces of the Luftwaffe*. Macmillan, New York, 1968

DIETRICH, WOLFGANG, *Die Verbände der Luftwaffe 1935-1945*. Motorbuch Verlag, Stuttgart, 1976

FRAPPE, JEAN BERNARD, *La Luftwaffe face au Débarquement Allée*. Editions Heimdal, Bayeux, 1999

GABRIEL, ERICH (ed), *Fliegen 90/71: Militärluftfahrt und Luftabwehr in Österreich von 1890 bis 1971*. Heeresgeschichtliches Museum, Vienna, 1971.

GROEHLER, OLAF, *Kampf um die Luftherrschaft*. Militärverlag der DDR, Berlin 1988

HARDESTY, VON, *Red Phoenix, The Rise of Soviet Air Power, 1941-1945*. Arms and Armour Press, London, 1982

HAUPT, WERNER, *Kurland 1944/1945, Die vergessene Heeresgruppe*. Podzun-Pallas-Verlag, Frieberg, 1979

HEILMANN, WILLI, *Alert in the West: A German Fighter Pilot's Story*. William Kimber, London, 1955

HELD, WERNER, *Die deutschen Jagdgeschwader im Russlandfeldzug*. Podzun-Pallas-Verlag, Frieberg, 1986

HELD, WERNER, TRAUTROFT, HANNES and BOB, EKKEHARD, *Die Grünherzjäger: Bildchronik des Jagdgeschwaders 54*. Podzun-Pallas-Verlag, Frieberg, 1985

KÖHLER, KARL, et al, *Abwehrkämpfe am Nordflügel der Ostfront 1944-1945*. Deutsche Verlags-Anstalt, Stuttgart, 1963

KUROWSKI, FRANTZ, *Balkenkreuz und Roter Stern, Der Luftkrieg über Russland*. Podzun-Pallas-Verlag, Frieberg, 1984

MEHNERT, KURT und TEUBER, REINHARD, *Die deutsche Luftwaffe 1939-1945*. Militär-Verlag Patzwall, Norderstedt, 1996

MEISTER, JÜRG, *Der Seekrieg in den osteuropäischen Gewässern 1941/45*. J F Lehmanns Verlag, Munich, 1958

NOWARRA, HEINZ J, *Luftwaffen-Einsatz 'Barbarossa' 1941*. Podzun-Pallas-Verlag, Frieberg

OBERMAIER, ERNST, *Die Ritterkreuzträger der Luftwaffe 1939-1945: Band 1, Jagdflieger*. Verlag Dieter Hoffmann, Mainz, 1966

PARKER, DANNY S, *To Win the Winter Sky: Air War over the Ardennes 1944-1945*. Greenhill Books, London, 1994

PLOCHER, GENERALLEUTNANT HERMANN, *The German Air Force versus Russia*, 1942. Arno Press, New York, 1966

PRICE DR ALFRED, *The Luftwaffe Data Book*. Greenhill Books, London, 1997

PRIEN, JOCHEN, et al, *Die Jagdfliegerverbände der Deutschen Luftwaffe 1943 bis 1945, Teil 1: Vorkriegszeit und Einzats über Polen - 1934 bis 1939*. Struve's Buchdruckerei und Verlag, Eutin, 2000

PRIEN, JOCHEN and RODEIKE, PETER, *Messerschmitt Bf 109F, G, and K Series*. Schiffer, Atglen, 1993

RAMSEY, WINSTON G (ed), *The Battle of Britain Then and Now*. After the Battle, London, 1985

RODEIKE, PETER, *Focke-Wulf Jagdflugzeug: Fw 190A, Fw 190'Dora', Ta 152H*. Rodeike, Eutin, 1999

SCHRAMM, PERCY ERNST (ed), *Kriegstagebuch des OKW (8. Vols)*. Manfred Pawlak, Herrsching, 1982

SCUTTS, JERRY, *Jagdgeschwader 54 Grünhertz: Aces of the Eastern Front*. Airlife, Shrewsbury, 1992

SHORES, CHRISTOPHER, et al, *Fledgling Eagles*. Glub Street, London, 1991

URBANKE, AXEL, et al. *Mit Fw 190D-9 in Einsatz*. VDM Heinz Nickel, Zweibrücken, 1998

VÖLKER, KARL-HEINZ, *Die Deutsche Luftwaffe 1933-1939*. Deutsche Verlags-Anstalt, Stuttgart, 1967

ZIEMKE, EARL F, *Stalingad to Berlin: The German Defeat in the East*. Center of Military History, Washington DC, 1968

◎著者紹介 | ジョン・ウィール　John Weal

英国本土航空戦を少年時代に目撃し、ドイツ機に強い関心を抱く。英空軍の一員として1950年代末にドイツに勤務して以来、堪能なドイツ語を駆使し、旧ドイツ空軍将兵たちに直接取材を重ねてきた。後に英国の航空誌『Air Enthusiast』のスタッフ画家として数多くのイラストを発表。本シリーズではドイツ空軍に関する多数の著作があり、カラーイラストも手がける。夫人はドイツ人。

◎訳者紹介 | 手島 尚（てしまたかし）

1934年沖縄県南大東島生まれ。1957年、慶應義塾大学経済学部卒業後、日本航空に入社。1994年に退職。1960年代から航空関係の記事を執筆し、翻訳も手がける。訳書に『ドイツ空軍戦記』『最後のドイツ空軍』『西部戦線の独空軍』(以上朝日ソノラマ刊)、『ボーイング747を創った男たち』(講談社刊)、『クリムゾンスカイ』(光人社刊)、『ユンカース Ju87シュトゥーカ 1937-1941 急降下爆撃航空団の戦歴』『第2戦闘航空団 リヒトホーフェン』『北アフリカと地中海戦線のJu87シュトゥーカ』(大日本絵画刊)、などがある。

オスプレイ軍用機シリーズ 35

**第54戦闘航空団
グリュンヘルツ**

発行日	2003年7月10日　初版第1刷
著者	ジョン・ウィール
訳者	手島 尚
発行者	小川光二
発行所	株式会社大日本絵画 〒101-0054 東京都千代田区神田錦町1丁目7番地 電話:03-3294-7861 http://www.kaiga.co.jp
編集	株式会社アートボックス
装幀・デザイン	関口八重子
印刷/製本	大日本印刷株式会社

©2001 Osprey Publishing Limited
Printed in Japan
ISBN4-499-22811-5

Jagdgeschwader 54 'Grünherz'
John Weal

First published in Great Britain in 2001, by Osprey Publishing Ltd, Elms Court, Chapel Way, Botley, Oxford, OX2 9LP. All rights reserved.
Japanese language translation ©2003 Dainippon Kaiga Co., Ltd.

ACKNOWLEDGEMENTS
The Author would like to thank the following individuals for their generous help in providing information and photographs.
In England – Chris Goss, Michael Payne, Dr Alfred Price, Jerry Scutts, Robert Simpson and W J A 'Tony' Wood.
In Finland – Kari Stenman.
In Germany – Herren Manfred Griehl, Norbert Hannig, Walter Matthiesen and Holger Nauroth.